建筑设计经典译丛

建筑，从那一天开始

建造大众之家

[日本] 伊东丰雄　编
郭俊　译

江苏凤凰科学技术出版社 · 南京

江苏省版权局著作权合同登记 图字：10-2021-72

图书在版编目（CIP）数据

建筑，从那一天开始 ：建造大众之家 /（日）伊东丰雄编 ；郭俊译. -- 南京 ：江苏凤凰科学技术出版社，2021.9
ISBN 978-7-5713-2404-9

Ⅰ. ①建… Ⅱ. ①伊… ②郭… Ⅲ. ①建筑设计 Ⅳ. ①TU2

中国版本图书馆CIP数据核字(2021)第175486号

建筑，从那一天开始　建造大众之家

编　　者	[日本]伊东丰雄
译　　者	郭　俊
项目策划	凤凰空间/李雁超
责任编辑	赵　研　刘屹立
特约编辑	李雁超
出版发行	江苏凤凰科学技术出版社
出版社地址	南京市湖南路1号A楼，邮编：210009
出版社网址	http://www.pspress.cn
总 经 销	天津凤凰空间文化传媒有限公司
总经销网址	http://www.ifengspace.cn
印　　刷	河北京平诚乾印刷有限公司
开　　本	710mm×1 000mm 1/16
印　　张	10
字　　数	160 000
版　　次	2021年9月第1版
印　　次	2021年9月第1次印刷
标准书号	ISBN 978-7-5713-2404-9
定　　价	68.00元

图书如有印装质量问题，可随时向销售部调换（电话：022-87893668）。

目录

5 第 1 章 走向大众之家

15 第 2 章 什么是大众之家

27 第 3 章 大众之家，从东北开始

83 第 4 章 大众之家，在熊本

143 第 5 章 大众之家与熊本艺术城

151 建筑数据

第 1 章
走向大众之家

“大众之家”有山形屋顶、门廊和没有铺设地板的房间，给人来到民宿的感觉。这座小型的建筑物是为了援助东日本大地震的受灾者而建的。许多这种类型的建筑物都建立在这个临时搭建的住宅区中心。这里也是受灾害的居民们互相交流和互相帮助的聚集点。不过，自这类建筑物问世以来，就有人不断地去质疑它——到底它算不算是建筑师的“作品”。另外有关建筑行业未来的问题，对于建筑师们而言，至今都还是一个疑问。那么，“大众之家”的未来到底是什么样子的呢？

一个小家，让人重新探讨“建筑为何物”

伊东丰雄

“家”是让人团聚的地方

2011 年 3 月 11 日发生了东日本大地震，2012 年 6 至 7 月在熊本县阿苏地区发生了泥石流，2016 年 4 月 14 日与 16 日发生了熊本地震，在经历了这些灾难后，人们提议在临时搭建的住宅区中心，建设一个可以稍作休息的地方，就这样“大众之家”诞生了。迄今为止，东北地区有 16 栋、熊本县有大约 90 栋的“大众之家”。

发生东日本大地震时，我最早是担心仙台媒体中心的安全。这座建筑物建立了我与灾害地区之间的缘分，之后也是因为它，我在 2011 年 4 月 3 日去了一趟东北地区。除了确认仙台媒体中心在灾害中受到破坏的情况，我还去了受灾人士所聚集的避难所。在体育馆里，看到他们由于灾害过着没有自由可言的生活，作为一名建筑师，我陷入了思考：我能为他们做些什么呢？

许多到过避难所的建筑师都会认为，利用隔板确保最低限度的生活私密空间就好。可是，只要询问几个人就会了解，虽然有些时候会感觉到不自由，但若是大家能看到彼此的脸，也能轻松地打招呼的话，内心就会变得坚强起来。此时我开始觉得，利用隔板这个方法是多么近代主义（以确立个人的自由、独立、平等的现代社会为理想的思想立场。——编者注）。我又想起了妹岛和世女士说过：“如果在这里摆张桌子，上面放一盆花，那就好多了。”说实话，比起制造一个屏障，打开这里的空间，更能让大家感到舒服、得到安慰。所以，我非常希望能建造出这样一种空间。

可惜的是，在实现这个想法之前，人们都已搬出了避难所，开始向临时搭建的住宅区移动。结果，我们又去探访了临时搭建的住宅，在那里，除了最低限度的隐私得到保障外，其他的就什么都没有了。看到居民们非常失落的样子，我们向他们询问“对这里的生活有什么不满”“生活上还缺少什么”之类的问题。可能是因为居民太不满意现在的生活，我对他们的最大印象就是一点回应也没有。不过，过了一会儿，终于有人回答了我们的问题。

居民告诉我们，与邻居说话都要站在碎石路上，自家没有屋檐，晒太阳和躲雨时候的交谈都无法实现。如果是那样的话，为避难所添加一个台子来增加一点点“家”的感觉，或者建造一个能让居民们轻松聚集的地方，现状就会有改善吧？再说，只要规模小一点，就不用依赖市政府，我们自己也能筹资完成建造吧？于是我有了这方面的设想。这就是建造“大众之家”的初衷，仅此而已。

不过，开始建造“大众之家”后才发觉，建造这类建筑物意味着不得不重新认识自己作为“建筑师”的这个身份。

“建筑”的乐趣

建筑师的工作就是，接受房主的委托并为其设计，之后在施工人员与其他各方人士的协助下实施建造。因此，个人住宅与明确知道房主意图的商业建筑会比较容易完成。可是，如果是公共建筑的话，服务对象是市政府，因为他们大多不会直接使用这栋建筑物，所以都是没那么容易完成的。有时候，建筑师可能与市政府的意见不合，也有可能与施工人员的意见不合。这种双方“对立”关系让事情变得复杂，且迟迟不能开展。

我一直在思考，导致这种事情发生的原因是什么。其实，市政府与建筑师双方的出发点都是想要做出好的东西。不过，对于我们建筑师而言，一直在某种程度上都会对“理想化社会”发出提问。特别是作为公共设施的建筑，建筑师需要把迄今为止对“理想化社会”的提问延伸到设计中，将建筑物当作自己的作品。如此看来，这就是产生双方“对立”关系的原因了。

另外，“大众之家”含有“大家的”之意，代表了公共性，是最原始的公共建筑。最终，仙台市宫城野区的“大众之家”作为第一所“大众之家”被设计出来，它建有山形屋顶、巨大的门廊，以及烧木柴的火炉，其实就是具备了普通住宅所有的形态。通过反复地与住在临时搭建住宅的居民对话，我用自己的理解去表达出他们所盼望的“家”的样子。终于，我达到了他们的要求，也就是设计出“普通”的家，但在其过程中，我也经历了许多。

由我担任最高负责人的熊本艺术城对建造宫城野区“大众之家”进行了支援，同时我也听取了熊本艺术城的顾问们——来自熊本大学的桂英昭、九州大学的末广香织和神奈川大学的曾我部昌史等人的意见之后进行设计。我给他们观看了我的设计之后，他们都惊讶地问我，“这种（普通的）设计就行了吗”，而且工作室的员工们也几乎都这么说。然后，我也觉得“需要加点自己的设计在里面会更好吧”，就这样，我在两个选择之间犹豫不决。但是，其实到最后，我把将““大众之家””作为作品的想法抛之脑后，只在乎住在临时搭建住宅的居民们所盼望的，尽我所能地满足他们的需求，并决定在第一栋“大众之家”里，使用最简单且最受欢迎的山形屋檐。

在建筑工地上，负责建造的工作人员来自我的工作室，是大学毕业一两年的年轻人。他们当中有许多人都不懂得应该如何面对当地的工作。但是，他们负责的工程完成速度，就像是普通建筑工程被按了快进键那样，从开始到完工只用了两个月的时间。在这段时间里，住在附近的老奶奶给他们做便当，还给他们零食吃。到了最后阶段，大家还一起刷墙，一起做家具。这对他们年轻人而言，是从来没有过的沟通体验。然后，他们还颇有感触地对我说：“做建筑，原来是这么开心的事情啊。”

居民们也是从开始就很期盼这座建筑物快点完成，到最后，看到完成后的“大众之家”，兴高采烈地说：“其实就是想要一个这样的地方啊。”建造“大众之家”的过程中，大家都把目光投向“同一个方向”。建造方与接受方的居民们，没有对立，大家齐心协力，完成了大家的同一目标。我自己也不得不承认，原来可以用与以往完全不同的方法来完成工程。

追求“创新”

建造“大众之家”时，与以往工程不同的完成过程对我的影响是非常之大的。那么，可否将刚才提及的过程运用到普通建筑工程里呢？其实，与其说能否改变现在的方法，倒不如说改掉现在的方法。那么，如何才能将其实现呢？其中的利与弊又要怎样取舍呢？等等，让我从各方面进行思考。不过就算如此，我也未能找出答案，直到现在我都在为了这个问题而思考着。

就我自己而言，只要一想到建筑，就难免将其视为一件作品。

但是，与此同时，我也会思考，这种思想是否属于 20 世纪。近代主义里，不只是建筑师，就整个艺术家的范畴来说，因为需要做到“原创性”与“创造性”，所以，艺术家们对于回应这两个要求的欲望就变得特别强烈。这在造型上表现得特别突出。那么，我们就会面临一个问题，那就是：如果没有造型的外衣，建筑物是否存在？这应该如何考量才好？连我自己都不知道该如何下定论。

对自己设计出来的建筑物，我非常在意它有没有“新”的元素。除了追求建筑物的构建，还要解决如何利用空气循环的技术性问题。另外，图书馆有作为图书馆的“形式”，剧场有作为剧场的“形式”在里面，这是一种有传统性的，而且有习惯性的形式，我想要重新审视它，做出新的东西。遵守一直以来的做法，我认为，其实就是被刻板的概念束缚了手脚。为了让使用者在这个空间真正地获得舒适、欢快的体验，我觉得需要采取进一步的措施。我认为不管遇到什么情况，都要审视自己有没有做到这些。可惜，建筑师所追求的“新意”，其实就是与市政府产生对立的源头。

回过头来再看“大众之家”，市政府并没怎么干涉这类公共建筑物的建设。那么，假如市政府不参与建设的话，是不是就意味着大家就有相同方向了呢？其实，并非如此。我认为，没有好坏这一说法，只不过这其中的差异是对建筑物与建筑家的提问。

“象征性”为何物

七滨“大众之家”——羁绊之屋作为东北地区第 16 栋的“大众之家”，2017 年 7 月诞生于宫城县七滨町。另一边，在宫城野区里临时搭建的住宅区被拆除后，随着周围居民都搬到宫城野区的新滨地区，宫城野区的第一栋“大众之家”在 2017 年 4 月搬迁到此，和之前一样，许多居民都会光顾。现在由于土地费用上涨的关系，2012 年 11 月完成的陆前高田的“大众之家”暂时被拆除，日后计划在市区重新建造。陆前高田的“大众之家”是乾久美子、藤本壮介及平田晃久这 3 位设计师共同设计的，我作为顾问在旁辅助。这段完工的过程，由摄影家畠山直哉亲自跟进拍摄，影片公开展示于 2012 年的第 13 届威尼斯双年展国际建筑展日本馆中，并且荣获最高荣誉奖项金狮奖。由此国内外都开始知晓“大众之家”（Home-for-all）。

可是，只要回顾迄今为止在东北地区所建造的“大众之家”就能发现，其造型实际上有许多不同的地方。从第一栋到第 16 栋，花费了 6 年的时间。“大众之家”造型上的不同可能与受灾区发生的变化有关，不过，每个地区的要求也会有差异，所以，建筑师在了解这些因素后，会以自己理解的方式进行设计与建造，于是“大众之家”各式各样的造型在不经意间显露出来。

在回顾这些建筑物的时候，我发现有的建筑有着像帐篷那样尖高的屋顶。例如位于釜石市平田的第二栋“大众之家”，由山本理显建造，使用做帐篷的材料制作了尖高的屋顶。一到夜晚，室内的灯光透过屋顶，如同街灯一般。对于这座建筑物的设计理念，我之前当面询问过山本先生。他回答说：“我认为住在临时搭建住宅区的居民们需要一个具有象征性的地方，这能让他们聚在一起。”因为平田的“大众之家”受到居民们的爱戴，所以其造型的问题也就不复存在了。可是，我对此反问了山本先生：“这座建筑物真的象征了什么吗？所谓象征，其实是不能被设计出来的吧？”

因为我也参与了陆前高田的“大众之家”的设计，所以才特意求教了山本先生。那座建筑物，完全是从建筑师的角度去诠释象征性的意义而建造的。例如，陆前高田的“大众之家”最让人印象深刻的是那 19 根柱子。这些柱子都是用被海啸吞没的雪松制作的。也就是说，这里象征着使已经死去的雪松再生。建筑师总是喜欢在进行设计时，把象征性融入自己的作品里。之所以制作过程是如此剧情化，就是因为这一点。待到双年展之际，将其展示出来，成功获得了奖项。可是，当建筑物完成后，到访这里的并不是居民，而是来参观建筑物的国内外的建筑家与评论家。这座建筑物没有在临时搭建的住宅区里建造，这对于其造型也是有一定影响的。可以说，陆前高田的“大众之家”成为了人们缅怀这次震灾的象征，但对于震灾区的居民而言就不是那么一回事了。对于这件事的发生，我认为自己要为其负责。也是因为有了如此的经历，我才有必要再次思考“大众之家的未来”这一问题。

熊本的“大众之家”

前面提到的都是东北地区的“大众之家”。市政府是没有干涉这些“大众之家”建造的，不过，熊本的“大众之家”就出现了一些状况，由于该项目的主要承包单位为熊本艺术城，是由熊本县政府推进的项目，所以当时的建筑资金都是向国家与政府申请的。2012 年六七月份，熊本县发生了泥石流，为了解决灾民的居住问题，在临时搭建住宅区建造了两栋“大众之家”。另外，2016 年 4 月发生熊本地震后，由熊本艺术城为主导，在临时搭建住宅区里每 50 户人家就建造一所活动中心与公共休息室，这些建筑物都具有“大众之家”的功能，是木结构的“大众之家”，共约 90 栋。换言之，这些建筑非常符合“公共建筑”这一说法。

熊本艺术城最初是在东北地区支援宫城野区“大众之家”的建设，这个组织非常理解建造建筑物的意义，完成后，建筑物的意义与功能也没有较大的差异。如果非要选出不足的地方的话，那就是熊本艺术城设定了两种机制：一方面，由于要在短期内建造大量的““大众之家””，需要运用之前的建造经验，在某种程度上不得不做系统化的“规格型”；另一方面，熊本艺术城又设定了“实际型”的机制，派遣了自己的建筑师，与将要入住的居民进行交流并将他们的意愿融入建筑物的构建中。在“实际型”设计的机制里，熊本艺术城不仅号召了县外的建筑师，而且也向熊本县的建筑师协会与建筑师事务所协会，以及日本建筑师协会九州支部协会的年轻建筑师抛出橄榄枝，这些年轻的建筑师在“大众之家”的建造中也投入了大量的精力，很感谢他们的努力。

值得一提的是，“实际型”建筑的“大众之家”所有的屋顶都是山形的。这个设计非常让人安心，居民们也乐在其中。我对此不抱以任何负面看法。由于时间不是那么充足，建筑师在这里如果加入某些冒险性的设计的话，那才是与公共建筑的意义相排斥的。我认为，从某种程度而言，“大众之家”变得越来越刻板化也是可以接受的。比如，大多数把地方作为活跃中心地点的建筑师，与其来到东京负责建造小规模的个人住宅，还不如把精力放在各自地方的建筑上，建造出高质量的建筑物。在政府与居民间保持良性沟通下建造的建筑，进而可以提高市区的环境质量，熊本县正在不知不觉地实践着这种工作的模式。

此外，熊本县内多出了许多“大众之家”与木造的临时搭建的住宅。木造的临时搭建的住宅在基础部分使用了混凝土，所以这些建筑物具有耐久性，日后把两户并成一户，转成灾后复兴的公营住宅，可以一直使用下去。“大众之家”也置身于其中，所以我觉得它也能一直被使用下去，真正做到像一个小区的公民馆（指在日本为社区居民提供学术、文化、教育类相关活动社会教育机构）那般给居民带来欢乐。以往的公民馆虽然建筑规模比较大，但很多没有被居民使用。只要“大众之家”一直被使用下去，使用者对其刻板的印象就会有改变的一天。

“大众之家”的可能性

“大众之家”的名字，通过东日本大地震与熊本县已经被大家知晓，除此以外的地方，其也有着一定的名气。可是，另一方面，许多年长一辈的建筑师认为“公共（大众）”这一词虚伪，对其没有良好的印象。20 世纪的现代建筑的核心为不惜打破之前的建筑，都要创造出崭新的东西，背负着先锋派的精神。对于背负如此的精神，并进行思考的这一代人而言，“公共”实在是太过于伤感了。

但是，我认为那种时代已经过去了。甚至觉得这种先锋的精神阻碍了建筑的前进。我认为只有排除它才能让崭新的建筑出现。那么如何排除它呢？我认为抛弃之前的“作品主义”，像新人一样，聆听周围人的意见，一起进行建设才是“作品主义”未能达到，但崭新元素有可能诞生的要点。

“大众之家”这座很小又不起眼的“家”蕴含了巨大的力量，重新探讨了何为建筑、何为建筑师。

伊东丰雄

1941 年出生，1965 年毕业于东京大学工学部建筑专业。曾任职于菊竹清训建筑设计事务所，后于 1971 年独立设立 Urban Robot，1979 年改称伊东丰雄建筑设计事务所。主要作品有：仙台媒体中心（2000）、TOD'S 表参道大厦（2004）、大家的森林・岐阜媒体世界（2015）、台中大都会歌剧院（2016）等。

第 2 章
什么是大众之家

作为建筑师，我们可以为东日本大地震的受灾地区做些什么？由此诞生了“大众之家”。建筑师自己筹集资金完成的这些建筑，是为应对特殊情况而采用的一种支援受灾者的形式，但在建造过程中，是否对建筑本身、对建筑师本身存在普遍性的质疑？从“大众之家”诞生起始就参与此事的 3 名建筑师将对此再次进行讨论。

[三人会谈]

什么是作为公共建筑的大众之家

伊东丰雄、山本理显、妹岛和世

大家共同建造的“大众之家”

伊东：今天，请来了从在东日本大地震受灾地区建造“大众之家”的最初阶段，与我一起走过来的山本（理显）先生和妹岛（和世）女士，我们会以自己建造的“大众之家”为例，与大家探讨什么是“大众之家”。

回顾以往，决定创建“大众之家”的契机是在 2011 年 3 月末启动的“归心会”。这是由内藤广先生、隈研吾先生和我们三人，共 5 名建筑师聚集在一起所成立的组织，是通过采取一些措施重建受灾地区的组织机构。由于它不是政府组织的机构，只能分头访问各灾区，互相联络，反复讨论，将自己力所能及的事项付诸于实践。在这一系列的想法中诞生了建造“大众之家”的念头。

山本：大家可能已经知道了这 5 位建筑师的名字，对国家的震后重建满怀期待。在这种情况下，作为建筑师的我们可以做些什么呢？然而，现阶段如果你制订了一个庞大的计划，受灾地区的人们是不会冷静地接受的，那么就让我们先从身边的事情做起吧。

妹岛：我觉得建造“大众之家”可以分成两部分来考虑：在长时期内可以做的事情和眼下可以立即采取行动的事情。看到在体育馆里避难的人们，马上就可以做的事情有很多，例如送一朵花或者一把椅子，只要能够立即送达就是非常好的事情。我觉得它就是这样开始的。

山本理显

山本：当时伊东先生说“建个‘大众之家’怎么样”，这是个在很久之前就提起的话题。每个人都赞成这个点子，我也觉得如果这样，应该也可以做点什么吧。

伊东丰雄

伊东：“大众之家”是一个很小的项目，而且是一个没有得到市政府支持的项目，所以费用要由我们自己支付。第一个以具体形式存在的“大众之家”是在仙台市宫城野区建造的，这是因为我可以从熊本县的“熊本艺术城”项目获得资金和材料援助。我首先与最易沟通的仙台市市长奥山惠美子说起了我的想法，市长立即答复我“做吧”，并向我介绍了刚刚完成的临时住宅园区。

我第一次去现场时，以为居民还没有搬过来。当我开始考虑设计，并告诉那些刚刚搬过来的人们，想建造一个居民们可以休息的房子时，他们对临时住房的狭窄程度感到相当震惊，又在得知要建造建筑面积仅有 40 m^2 的房子后，表现出的只有困惑。于是我对他们说，虽然房子很小，但我会尽我所能实现大家的要求。大家终于开始提出“想要屋檐”“希望能够围着火炉聊天”等要求。另外，由于自治会长平山一男先生非常积极地接受了我的意见，之后事情进展得很快，大约在夏季时事情就已经谈妥，于 2011 年 9 月开始施工，10 月末竣工。居民们看到建成后的“大众之家”真的非常高兴，说“这就是我们想要的”。

山本：妹岛女士主推自筹资金。我当时负责瑞士机场的相关设计，与客户联络后，其立即答复说可以合作。此外，当我和熟识的业主提到此事时，他也非常友好地答应将会给予协助。他说自己已经向红十字会捐款了，但不知道这笔钱用于何处，如果山本先生可以用它来建造“大众之家”，他会非常愿意合作的。此时，我意识到有很多人愿意以这种形式不遗余力地合作。有许多人也正在寻找参与到地震重建活动中去的方法。

因为已经筹备到一些资金，下一步就是决定在哪里建造，我想先建在岩手县釜石市的平田地区。实际上，在平田地区横滨国立大学的学生已经提议建临时住房，这是一个住宅为门对门式的计划。

我想使用帐篷来建造“大众之家”。晚上，可以透出温暖的光，就像一个大灯笼。一家名为太阳工业的薄膜公司是赞助方，整体结构设计由佐藤淳先生负责。数十名横滨国立大学及东京大学的学生，作为志愿者参加了进来。工期正好是 1 个月，2012 年 5 月 10 日整个项目完工。

由于项目自身仅仅是一个帐篷，冬天会很冷，所以我们在里面又挂了一个具有隔热功能的帐篷，等到春天再把隔热帐篷取下来。每当季节变换的时候事务所的两名员工就会去挂上或摘下帐篷，一年两次。此时，临时住宅的人们也都会前来帮忙，就像举行了一次活动。如果没有这个名为““大众之家””的项目，我们将无法以这种方式多少帮助到临时住宅的居民并与他们进行交流。

妹岛：我在宫城县东松岛市的宫户岛建造了两个“大众之家”，一开始我并没有打算建造“大众之家”，这完全属于巧合。当我为了商谈归心会提到的话题而去东北地区的时候，东北大学的小野田泰明先生告诉我，正在讨论宫户岛今后重建的事项，虽然并没有邀请我，但我想去看看，就和内藤先生一起去拜访了。

宫户岛是距离外周 20 km 左右的小岛。海滨有 4 个村落，各有约 50 户人家，整体约有 200 户人家在这里生活。虽然相互之间距离很近，但听说直到发生地震，村落之间都没有任何交流，好像从来没有互相交谈过。然而，由于这次海啸，整个岛屿都遭受了巨大破坏，这使岛屿中的所有人聚集在一起，考虑未来的重建。我们也参与了其中，但考虑到不应该影响大家始终坐在后面。然而，岛上的居民对我说，“我们的目的并不是让别人听我们的故事”，还说，“您是专家，请再多谈谈意见吧”。于是，我清楚了自己的位置。之后，我与各位居民聊了很多，也开始考虑整个岛屿的城市建设了。

但是，最后好像是政府派来的土木工程办事处的人员对居民进行意见调查，话题不断延伸，两个话题同时进行。我总觉得不应该妨碍居民，否则会与他们产生一定的距离感。

伊东：同样，我也应小野田先生之约参与了釜石市的重建计划，我从 2011 年 6 月左右开始多次前往釜石，并与居民一起思考并提出了各种各样的建议，但结果是只能按照国家的政策实施，否则就没有重建预算，最后一切都变得毫无用处。我对居民们“想办法靠自己的力量使之复兴”的热情印象深刻，釜石市政府官员们也团结一致，考虑计划，但最终却受到了国家管理和经济的制约。

妹岛：宫户岛居民的热情令人惊叹。他们说“我们想给子孙留下个好地方”。因此，随着国家调查的深入，“大众之家”有了很大进展。

妹岛和世

三人会谈

另外，居民自己还成立了一个委员会，不仅召集了政府办公室的人员、土木工程办事处的人员，还邀请了我们，形成了以当地居民为主导的沟通方式。尽管如此，整个岛屿的维护基本上也是按照国家的意图推进的，我们提出的唯一一个保留下来的方案就是留下了像土包一样的山脉。即使现在，当我去宫户岛时，岛上的人们还会说“能将这里留下来，真好”。这些都是令人高兴的回忆吧。

当时，在宫城野区已经完成了伊东先生的“大众之家”，居民们提及他们也想要“大众之家”，因此，2012 年 10 月在小学校园临时住宅园区中创建了宫户岛的“大众之家”，2014 年 7 月在渔民工作场所创建了宫户岛月滨的“大众之家”。

创造真正的“公共”

山本： 刚才伊东先生和妹岛女士所提及的，即使居民自己试图重建他们的城镇却无法实现的状况是一件非常重要的事情。这次受到海啸侵袭的地方，在过去也是海啸经常光顾的地方，以前住在这里的人们应该都很清楚。事实上，建造在稍高地方的神社，在这次海啸侵袭中并没有受到损害。所以我想，在这建造的神社可能是为了传达海啸没有到达这里吧。然而，政府却在平地上建立火车站，在其周围进行小型开发，并建造房屋。如果建立一种可以传达当海啸来临时，这里属于危险地区的警示，并有办法选择和开发适合的土地，那么就可以免受此种程度的灾害吧。

伊东： 宫城县虽然有相当广阔的平原，但在岩手县，特别是像釜石这样的地方属于沉降海岸，几乎没有平地。当人口很少时，可以在一定程度上向自然环境妥协，但想要发展城镇、发展经济时，有一些情况是难以实现的。

山本： 我也认为有这些方面的影响，但即使是预制房屋，基本上也是实现了标准化的住宅，同时由个人开发商开发的小型住宅用地或公共城市规划开发的住宅区，也都是按照统一的规划方法制定的，并没有反映出该地区的历史和特征。我认为目前的住宅供应机制存在根本问题，对此我们建筑师也有很大的责任，大多数建筑师只是单纯地遵守了开发人员的要求和管理指令。

山本理显

妹岛： 就拿宫户岛来说，以前流传下来的传说已经在村落里根深蒂固了。所以在这次的海啸中，虽然 3 个村落被冲走，但几乎没有人员死亡，每个人都能够在岛上生存下来。如果你去调查绳文时代的贝冢，就可以知道当地震或海啸来临时海面会上升到此处，等到稳定时会下落到另一处，然后再次上升。

伊东： 也就是说，这样做是顺其自然。每个地区都有人们长期生活的历史，所以，在这里应该也有活用其历史使其从地震灾害中复兴的方法吧。当然，根据不同地区，要进行不同的重建。

然而，最终只是通过建造防潮堤，让居民都生活在高台之上。

以前的市区已经不能再居住了，商店和公园还好，但让人们生活在山上。

我非常不认可这种做法。

山本： 在那里呈现出城市规划的现代化主义。

伊东： 这是一种简单而极端的现代主义思想。

山本： 如果使用相同的标准计划开发所有区域，那么把每个地方都弄平坦就好。如果那样，就可以直接使用近代都市计划中所使用的方法了。

伊东： 陆前高田市，大致提高了 10 m。

山本：我也看到过那种场景，挖掉山丘，用传送带把土一次性运送出去，非常恐怖，大家所熟悉的风景瞬间崩塌。不允许生活在加高的地方，那里只有商业设施、公园。然而在没人居住的地方建造商业设施是没有任何意义的。

这就是为什么我认为在不受现代机制约束的情况下，创建“大众之家”是非常有意义的。我们真正的目标并不是那样的，虽然只是一个小小的问题，但我觉得需要先说出来。

伊东：在临时住宅小区里建有集会场所，只要临时住宅达到 50 户以上就可以建造 1 处集会场所。从某种意义上来说用于处理紧急事务的小公民馆属于公共建筑。但与从“大众的”意义上讲的“大众之家”却又是完全不同的。集会场所有几个房间，这里是厨房或者日式卧室，那里是聚会的地方，铺设着便宜的地毯，放置着一台大电视机。这些只是实现功能的空间，而与之并列的“大众之家”在我看来就是以前民居的缩小版。全部都是一室，有泥土地面，有走廊，有如地炉一样的柴灶，还有 1 张榻榻米大小的空间。这些空间根据人们的行为变化，用途也会随之发生变化，而不是按照功能进行区分。因此，即使我们同样称之为公共建筑，但从根本上说，公民馆与“大众之家”在建造理念上是完全不同的。

山本：在日本，“公共”被认为与政府有关，由政府创建的设施被称为公共设施。政府的“公共”原则是什么？那就是“平等”。为了实现大家平等，必须订立标准。以什么为标准，平等的含义又是什么，都由政府决定。但是，“大众之家”则与之有所不同，它的主体是居民。生活在其中的人们想要做什么、想要什么，在“大众之家”的建造过程中可能会被采纳，在这样的状况下“大众之家”当然有可能与邻近地区的建筑不同，它不会成为标准。这才是真正意义上的“公共”。真正的“公共建筑”应该在居民身边。通过建造“大众之家”我非常清楚地意识到了这一点。

伊东丰雄

伊东：事实上，到目前为止已经建造完成了各种类型的“大众之家”，如果有 10 户，那么这 10 户可能各不相同。由于居民不同，所建造的地点也不同，“大众之家”的类型自然也不相同。因此，如何将其纳入所谓的“公共设施”或使其更接近于公共设施，是“大众之家”

的发展方向，对我们建筑师来说也是一个挑战。

妹岛：作为向宫户岛居民提出创建“大众之家”的一方，当我告诉他们可以按照自己的喜好随意使用这些空间，而且不限定使用期限时，岛上的人们说“这样没问题”“大家都会当作自己的家来用”。我认为这才是“公共”的真正意义。所以当我看到东北地区的人们时，我觉得我们必须做得更多，还有很多我能够做的事情。特别是当我住在东京时，我不知道怎样才能接触到“公共”，但我会清理房子旁边的垃圾，我想通过这样的事情一点一点地传播这样的意识。自己作为其中的一员，意识到大家正在一起建造这个地方，大家一起来做效果会更好。

山本：“公共设施”由政府所垄断，也由政府管理，那么管理居民也是理所当然的，被管理者也是这样深信不疑地认为的吧。但管理必须是平等的。在日本，这种机制已经非常完善。

妹岛：特别是宫户岛的居民们，他们拥有强大的民众力量，居民们也有类似“我们自己的愿景”的想法。即使是认为应该全部平等对待的行政官员，也无法忽视他们的声音。

伊东：从某种意义上说，“大众之家”是一个大规模的定居点，可以实现近代以前的那种生活，按自己需求打造住宅。为了共同的利益，应该做些什么？我们在判断之后采取了行动。另外，近代以前的生活是一个不允许张扬个性的社会，也可以说，是一种相互监督的机制。此时，必须重新考虑在近代主义中已经失去的共同体价值。

再问“作品主义”

伊东：建造“大众之家”，与我们建筑师设计所谓的公共建筑完全不同。我建造第 1 号宫城野区的“大众之家”时，完全听取了居民的意见，并建成了有土间的悬山式房屋，当时我完全放弃了身为一名建筑师的“作品”的概念。结果它成了广受大家赞许的建筑。

山本：在这一点上我与伊东先生的意见不同。相反，我认为像“大众之家”这样的建筑才应该真正成为建筑师的“作品”。听取居民

山本理显

的意见很重要，作为建筑师应该在对其理解的基础上，根据自己的想法和思想创建建筑。我认为这才是应该期待的。迎合居民的建造所需和建筑作品的性质并不相互矛盾。我会正确传达建造的想法，并且认为传达才是最为重要的。

伊东丰雄

伊东：但是，如果我们完全听从居民的心声，他们要求“无论如何都要屋檐”，那你必须按照他们的要求来做。但现实中也有大家的意见和建筑师的主张不一致的情况。

山本：如果不针对具体案例的话，就不好说什么了，但我不认为是否安设屋檐和作品性质之间存在矛盾。

伊东：但是，正因为“大众之家”与传统的公共建筑不同，我们就可以尝试在建造公共建筑时通常无法做到的事情，有这样一个机会不是很好吗？当你排除所有 20 世纪的建筑理念，例如建造表达建筑师身份和创造力的建筑时，会尝试做一些什么呢？在这里实践一下，不是很好吗？

山本：我觉得建筑师个人的想法是另一个话题。建筑师作为一个独立的主体应该按照自己的想法，担负起自身责任来建造建筑。

妹岛：也许伊东先生使用的“作品”这一词语使问题更加复杂化了。例如，在熊本的“大众之家”，基本都是悬山式，但又各有不同，我们不能放弃基于个人经验和知识的建筑师身份。但是，我觉得我们也许应该重新考虑一下迄今为止让建筑师坚信不疑的“这是一个好作品”的想法。然而，当我看到宫城野区的“大众之家”时，我觉得这就是伊东先生风格的建筑。

伊东：妹岛女士以前就这么说过。

妹岛：虽然我现在正在谈论如何掌握“作品”这一词语，但我觉得伊东先生和山本先生在实际设计过程中没有太大的区别。

伊东：如果是一位纯粹的建筑师，从世人的角度来看，似乎总想创作一些优秀的作品。虽然不能用所谓的“作品主义”来概括，但会被人们认为是很任性的人，大家没有这种感觉吗？所以在这时更应该消除这种倾向。

山本： 确实，这与刚才所讲的政府管理的平等性相关，为此，建筑师任性地做一些事情确实会给大家造成困扰，那么尽可能让其建造一些标准建筑的力量就会发挥作用。但我们并没有任性地做这些事情。我们也在为居民考虑，为居民而努力。我认为作为建筑专业人士有必要好好传达这些想法。

伊东： 但我认为建筑师自身也需要改变。说社会不好、说政府不好起不到任何作用。

山本： 我也是这么想的。但是，如果说这座建筑是一位建筑师的作品，我认为它同时也暗含了其是否是一个优秀作品的问题。只有能够被评价它是否是一个作品的人（例如当地居民、使用该建筑的人）接受，才能开始判断它是否是一件作品。它是一个建筑师作品的同时，也有人思考那个创意在该建筑师的作品里也存在时，建筑的作品性才得以成立。我觉得建筑师有必要重新考虑一下将建筑看作一个作品获得其他人认可的想法。

妹岛： 在我看到现在的年轻人后，开始不再相信个人身份了。好像团队设计的情况变多了，而且能够创造出好的作品。有时，当我看到这种工作状态时，就会想：这样真的好吗？如果答案是肯定的话，虽然到目前为止，我从未想过自己的作家身份或作品主义，但是我觉得有必要重新思考一下，心情很复杂。

伊东： 年轻人一起设计有什么不好吗？

妹岛： 我不是认为不好，只是不知道这是一种什么样的操作。随着社会机制或价值体系的变化，建造建筑的过程也随之变化，这也应该是一种尝试。另外，我觉得我们需要考虑更多的事情，例如场所以及该场所所能维持的时间等。在这种情况下，我觉得处于各个立场的人都在不断地试探、摸索。

妹岛和世

山本： 我与妹岛女士有同样的感受。不需要表达建筑师主体性倾向愈发凸显。

伊东： 说实话，对于“作品”这一词语的内涵，我还没有找到一个明确的答案。我也问过大家，大家也很难回答。但是，从这个意义上来说，“大众之家”成为了思考建筑师从事的是何种工作的契机，从那里可以看到一些新的建筑形式或建筑师应有的姿态。

山本：我也是这么认为的。这正是我们的责任。

山本理显

出生于 1945 年。1968 年毕业于日本大学建筑专业，1971 年，东京艺术大学美术系建筑专业研究生毕业后，进入东京大学生产技术研究所原研究室，1973 年成立了山本理显设计工场。主要作品有函馆未来大学研究楼（2000）、横须贺美术馆（2007）、福生市厅舍（2008）、天津图书馆（2012）、横滨市立大学 Ycu Square（2016）等。

妹岛和世

出生于 1956 年。1979 年毕业于日本女子大学家政系住宅专业。1981 年毕业于同一所大学研究生院。同年，进入伊东丰雄设计事务所。1987 年创建妹岛和世建筑设计事务所。1995 年与西泽立卫成立 SANAA 建筑设计事务所。主要作品有金泽 21 世纪美术馆（2004）、卢浮宫朗斯博物馆（2012）、墨田北斋美术馆（2016）等。

第 3 章

大众之家，从东北开始

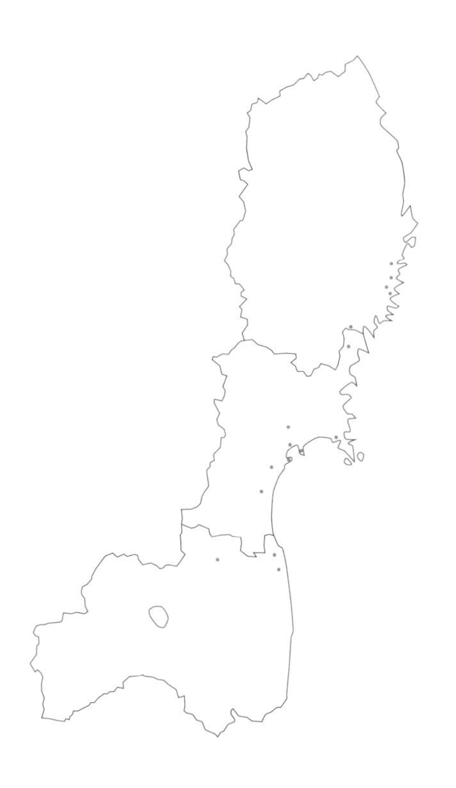

❶ HOME-FOR-ALL IN MIYAGINO/SHINHAMA

宫城野区的大众之家、新滨的大众之家

设　计　伊东丰雄、桂英昭、末广香织、曾我部昌史等

竣工日期　2011 年 10 月（宫城野区的大众之家），2017 年 4 月（新滨的大众之家）

所 在 地　宫城县仙台市宫城野区福田町南（宫城野区的大众之家）
宫城县仙台市宫城野区冈田字滨通（新滨的大众之家）

在仙台市宫城野区的福田町南一丁目公园的临时住宅园区内建成了第 1 号“大众之家”。地震发生后为响应大众的呼吁，熊本县提供了木材和建设资金。对于住在钢制临时住宅的居民来说，对有屋檐的空间、能在屋外坐下说话的檐廊、木材营造出的温暖氛围等的需求是切实存在的。施工期间，来自九州等地的学生、志愿者，以及设计师和临时住宅的居民也参与到了外墙涂装和家具制作等的工作中。建造完成后，手工制作的盆栽和室内棚子等，在被临时住宅居民维护的同时，也作为各种各样集会的场所被有效利用。其中，宫城野区和熊本县的人们通过这个建筑进行交流的意义则更为重大。

2016 年临时住宅被拆除后，“大众之家”被移建到多为住在临时住宅的当地居民重建家园的新滨地区，现在也被充分利用于该地区的地域活动中。

建筑完成 3 周年时的煮芋会（图片提供者：伊藤徹）

与临时住宅居民商谈

熊本县捐赠的预制木材

居民修建的花坛

移建到新滨地区的“大众之家”（2017 年 4 月）

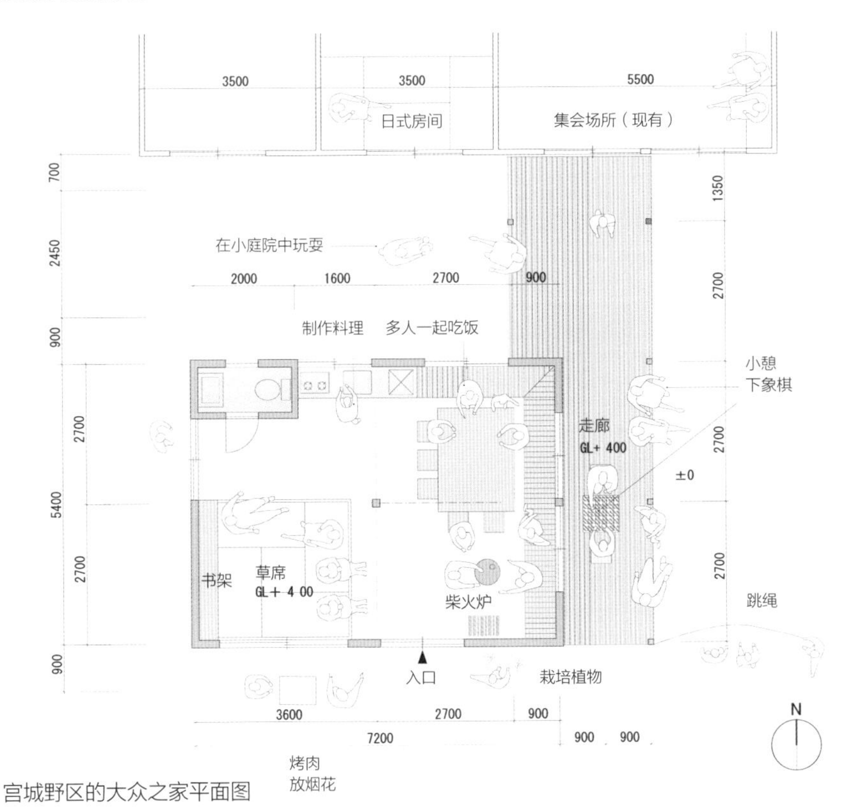

宫城野区的大众之家平面图

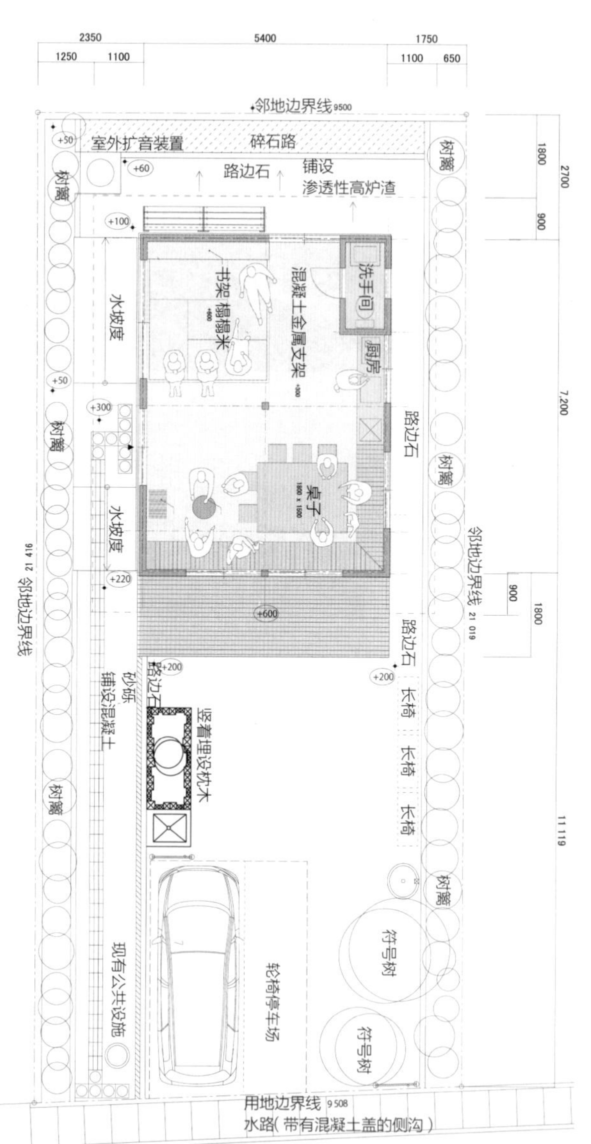

新滨的大众之家剖面图

宫城野区的大众之家

所在地：宫城县仙台市宫城野区福田町南

设计者：伊东丰雄、桂英昭、末广香织、曾我部昌史

结构设计者：桝田洋子、桃李舍

承包商：熊谷组、熊田建业

竣工日期：2011 年 10 月

主要用途：集会场所

建设主体：熊本艺术城东北支援 “大众之家”建设推进委员会

占地面积（整个公园）：16 094.55 m^2

总建筑面积：58.33 m^2

建筑面积：38.88 m^2

层数：地上 1 层

结构：木结构

新滨的大众之家（移建）

所在地：宫城县仙台市宫城野区冈田字滨通

移建设计者：伊东丰雄建筑设计事务所、中城建设

结构设计者：中城建设

设备设计者：中城建设

承包商：中城建设

竣工日期：2017 年 4 月

主要用途：集会场所

建设主体：仙台市

占地面积：201.56 m^2

总建筑面积：50.22 m^2

建筑面积：38.8 m^2

层数：地上 1 层

结构：木结构

❷ HOME-FOR-ALL IN HEITA, KAMAISHI

平田的大众之家

设　计　山本理显设计工场

竣工日期　2012 年 5 月

所 在 地　岩手县釜石市

场地位于釜石市平田运动场的临时住宅园区中。在这里建造的临时住宅相互连接，彼此相对。东日本大地震之后釜石市政府立即向岩手县的住宅课长提出了这种配置计划并予以实现。

平田的“大众之家”建立在这个临时住宅园区中，是一个如居酒屋一样的“大众之家”。晚上睡不着的时候，来到这里也许可以碰到熟人，并与之交谈。这就是我将其建成夜晚透光的帐篷的原因。

采用伞状的结构，在芯柱 125° 角的方管上安装了一个外罩，正下方建造了一个地炉。大家可以围着地炉交谈。

建造在平田第六临时住宅园区中的“大众之家”

白天对孩子们来说是一个游乐场所

晚上，作为居酒屋大家可以聚餐闲谈

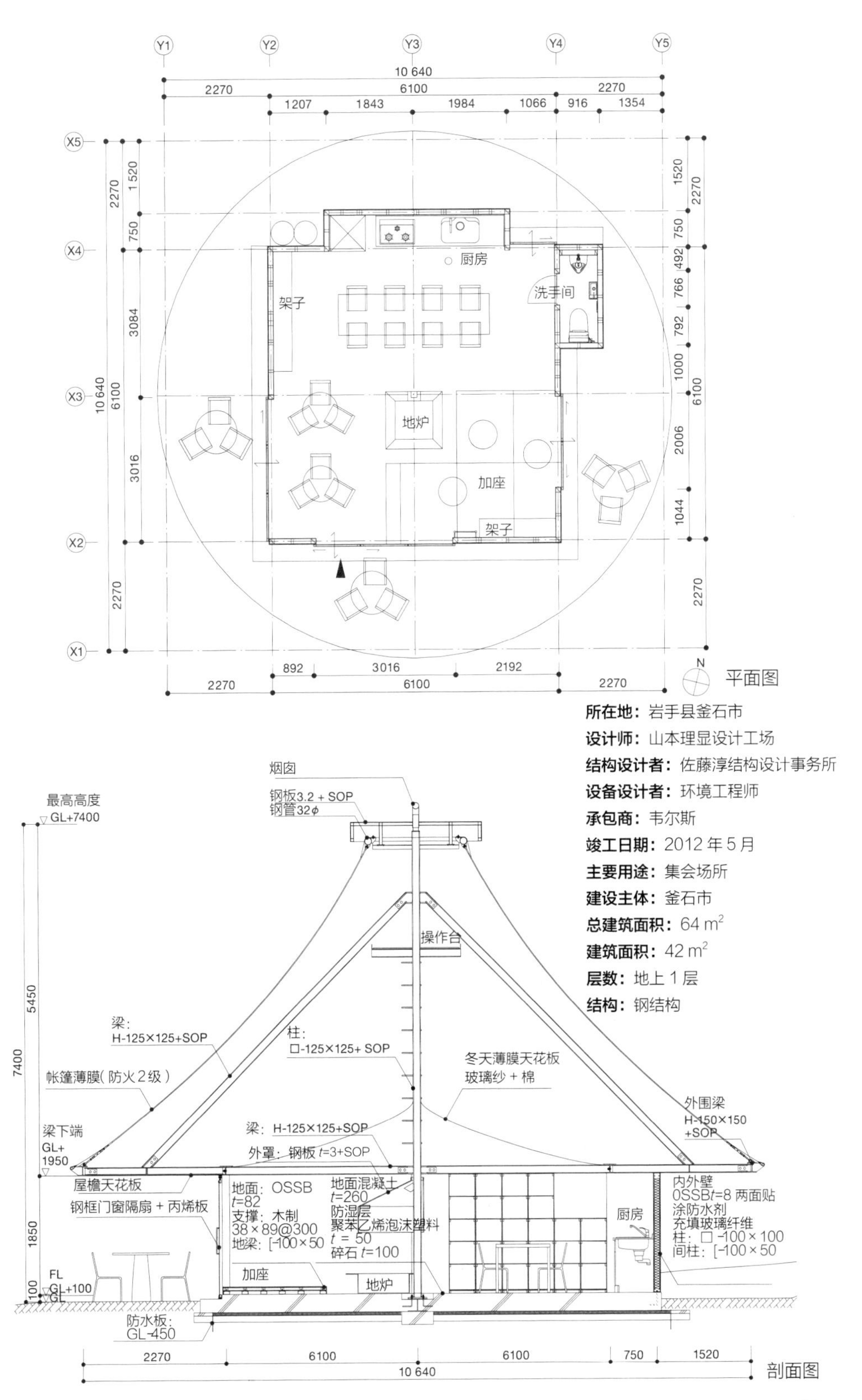

所在地： 岩手县釜石市

设计师： 山本理显设计工场

结构设计者： 佐藤淳结构设计事务所

设备设计者： 环境工程师

承包商： 韦尔斯

竣工日期： 2012 年 5 月

主要用途： 集会场所

建设主体： 釜石市

总建筑面积： 64 m^2

建筑面积： 42 m^2

层数： 地上 1 层

结构： 钢结构

❸ HOME-FOR-ALL IN KAMAISHI SHOPPING STREET

釜石商店街的大众之家“大家来”

设 计 伊东丰雄建筑设计事务所、伊东建筑学校

竣工日期 2012 年 6 月

所 在 地 岩手县釜石市

位于釜石市中心的商店街因为海啸受到了巨大的损害。“大家来”是震灾前，釜石城市建设活动 NPO 中的一项内容，主要以城市复兴为目的，是在商店街中心计划建设的“大众之家”。

基于易于制造、低成本和未来可拆卸（搬迁）的角度考虑，主体结构由钢结构加木结构组成，外墙由混凝土砌块组成。内部空间是一个无支柱的房间，用途多样。胶合板家具的制作以及内壁涂装等都是由住在附近临时住宅的人们、伊东建筑学校的学生以及施工工人共同完成的。

“大家来” 名字取自釜石地区的一种方言，意思是“大家都过来啊”。在这里可以看到以下场景：孩子们在放学回家的路上学习，当地人为城镇建设开研讨会，亲子烹饪教学等各种各样的活动。

开幕式上的集体照

青年居民城镇复兴会议

前院活动

恢复的祭祀活动

用受捐钢琴举办的迷你音乐会

每周举办的电脑研讨会

所在地： 岩手县釜石市
设计者： 伊东丰雄建筑设计事务所、伊东建筑学校
结构设计者： 佐佐木睦朗结构设计研究所
承包商： 熊谷组、堀间组
竣工日期： 2012 年 6 月
主要用途： 集会场所
建设主体： 归心会
运营： @ 里亚斯 NPO 支持中心
占地面积： 167.52 m²
总建筑面积： 73.27 m²
建筑面积： 67.55 m²
层数： 地上 1 层
结构： 钢结构 + 木结构

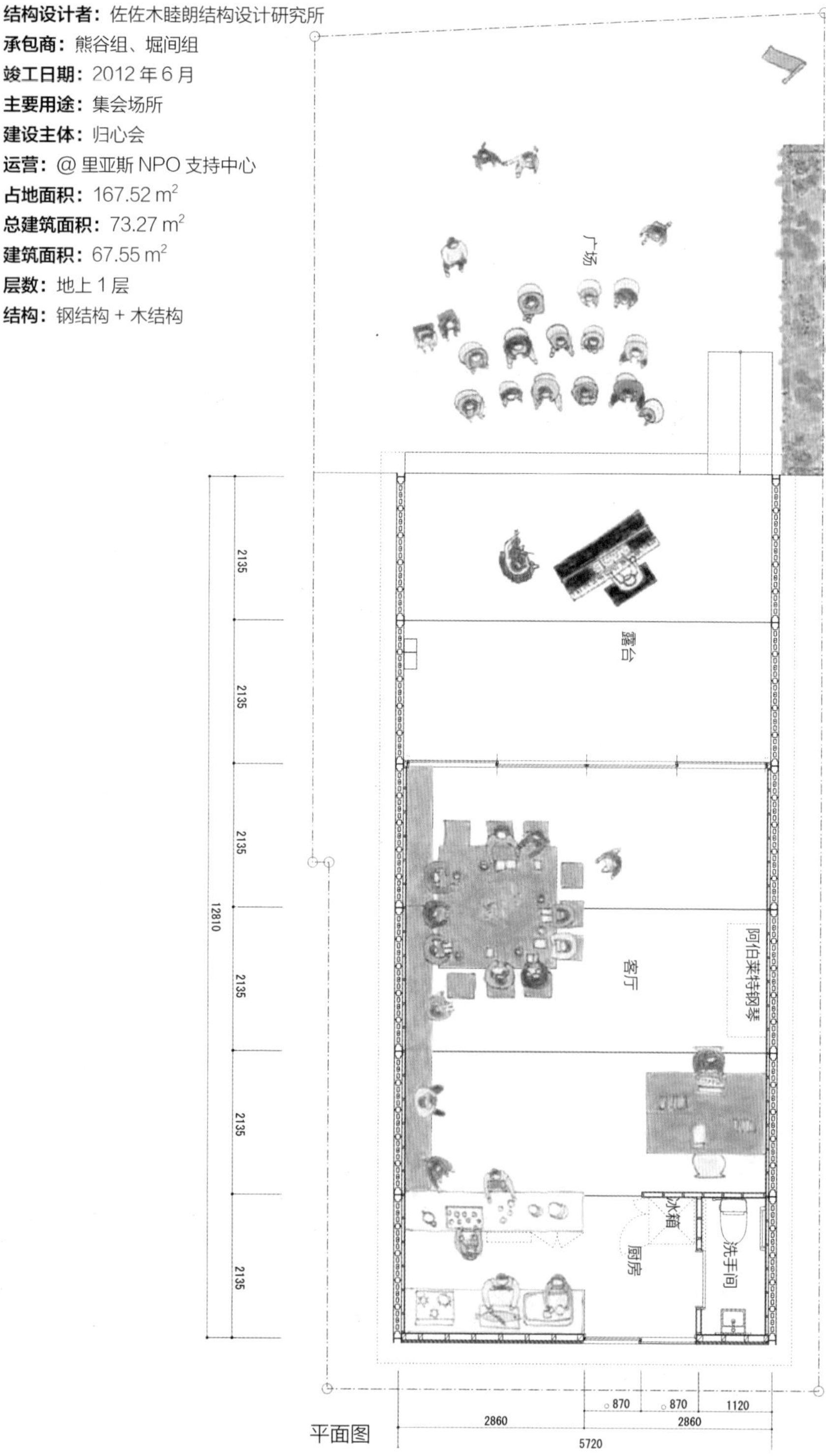

平面图

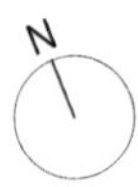

❹ HOME-FOR-ALL IN MIYATOJIMA, HIGASHIMATSUSHIMA

宫户岛的大众之家

设　计 妹岛和世、西泽立卫（SANAA）

竣工日期 2012 年 10 月

所 在 地 宫城县东松岛市

当决定与居民一起在位于岛中央的地方创建一个可以轻松使用的“大众之家”时，就考虑创建一个可以让居民聚集在大型屋顶下的建筑物，这样不是很好吗？在弧形主屋的钢框架上，铺设厚度为2.5 mm的薄铝板，形成了一个轻巧圆润的大屋顶。在屋顶下，还建造了一个可以看到客厅和海洋的半户外露台。女士们举办茶话会的客厅与渔民们举办宴会的阳台连接在一起，孩子们在旁边玩耍。目标是建造一个闲逛时无意中经过，发现有人在那里，像客厅一样可以受到热烈欢迎的地方。

我希望这里成为一个既可以观赏户外美好风景、回味珍贵的记忆，又可以畅谈未来的场所。

外观。面向大海的宽广露台

放学后这里便成为孩子们的游乐场

露台和一体式客厅

大家一起吃午饭

竣工仪式的场景

忘年会的场景

所在地：宫城县东松岛市

设计者：妹岛和世、西泽立卫（SANAA）

结构设计者：佐佐木睦朗结构计划研究所

承包商：樱井工务店、菊川工业[屋顶、骨架（钢结构）]

完成日期：2012 年 10 月

主要用途：集会场所

建设主体：东松岛市

占地面积：（小学整体面积）14 289.99 m^2

总建筑面积：118.55 m^2

建筑面积：118.55 m^2（室内：27.35 m^2，户外露台：91.20 m^2)

层数：地上 1 层

结构：钢结构 + 部分木结构

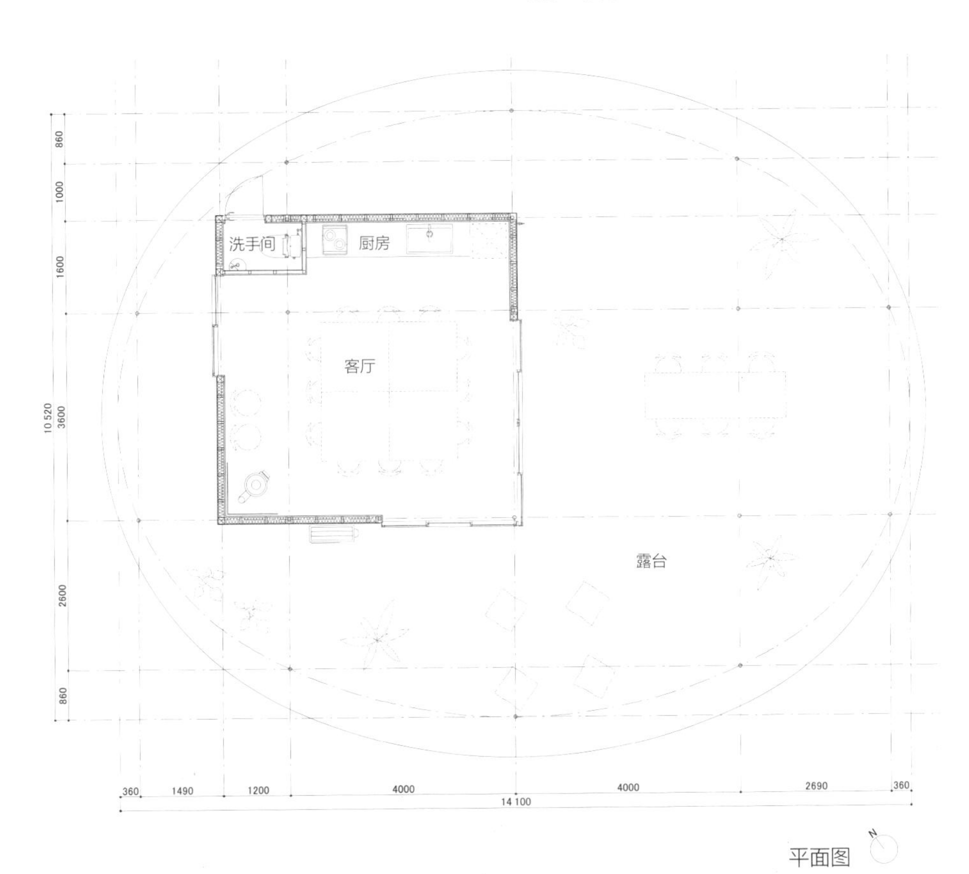

平面图

最高高度 GL+3590
梁下端
GL+2345
镀锌钢板 t=0.27
透湿防水层
结构用胶合板 t=12
FL GL+190
露台 GL+70+120
FRP 防水
屋面衬板
地炉
赫贝斯特面板 t=3
单板 t=3
木制底层 90 × 18
充填玻璃棉
小梁 180 × 38
混凝土金属支架 t=100+
表面硬化剂
聚苯乙烯泡沫塑料 t=100
防湿薄膜
碎石 t=60
屋面板 t = 2.2
PB t=9.5 2 张
+AEP 涂装
充填玻璃棉
间柱：105 × 30
梁：St-H 125 × 125+ 热镀锌
露台
柱：直径 60.5
t=3.2+ 热镀锌
混凝土金属支架
t=100+ 表面硬化剂
碎石 t=60

剖面详图

❺ HOME-FOR-ALL IN RIKUZENTAKATA

陆前高田的大众之家

设　　计　伊东丰雄建筑设计事务所、乾久美子建筑设计事务所、藤本壮介建筑设计事务所、平田晃久建筑设计事务所

竣工日期　2012 年 11 月

所 在 地　岩手县陆前高田市

响应伊东丰雄呼吁的三位年轻建筑师——乾久美子、藤本壮介、平田晃久和当地摄影师畠山直哉，以陆前高田市为基础进行了设计。他们经常去现场，认真听取和反复讨论受害者的意见，并研究该地区的独特之处。这座建筑充分利用了因海啸而干枯的杉树圆木，我希望这里能够成为当地人聚集在一起，获得内心平静的地方，同时也能够成为城市重建的基石。

这个“大众之家”的设计参加了 2012 年第 13 届威尼斯双年展国际建筑展日本馆的展出，并在各国参展项目中获得最高奖项——金狮奖。

但是，由于考虑到陆前高田市受海啸破坏的中心城区未来的安全性，决定将市中心大范围抬高，并在海湾地区建设防潮堤岸。

这样的话陆前高田的“大众之家”将被埋在了地下 3~4 m 处，于是该“大众之家”于 2016 年被迫拆除。而为重建做准备的圆木等材料被保管在市内。

陆前高田“大众之家”全景（图片提供者：畠山直哉）

与居民交谈的场景

因海啸而干枯的杉树

在灾难发生后第一年举行的七夕彩车活动

2016 年“大众之家”被拆除的场景

被抬起时的状况

竣工仪式的场景（图片提供者：畠山直哉）

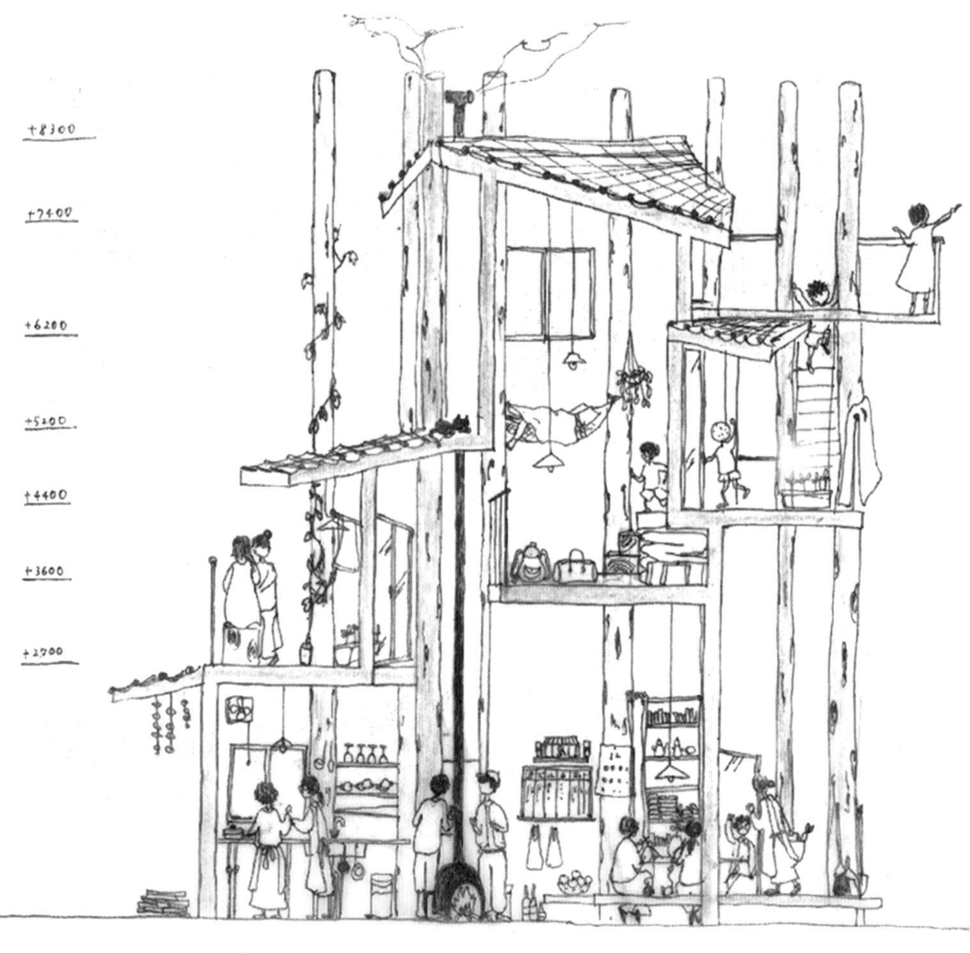

“大众之家”的草图（图片提供者：平田晃久建筑设计事务所）

所在地：岩手县陆前高田市
设计单位：伊东丰雄建筑设计事务所、乾久美子建筑设计事务所、藤本壮介建筑设计事务所、平田晃久建筑设计事务所
结构设计者：佐藤淳结构设计事务所
承包商：庇护所、千叶设备工业（卫生）、菅原电工（电气）
竣工日期：2012 年 11 月
主要用途：事务所（应急临时建筑物）
占地面积：901.71 m²
总建筑面积：30.18 m²
建筑面积：29.96 m²
层数：地上 2 层
结构：木结构（KES 结构法）

❻ HOME-FOR-ALL FOR CHILDREN IN HIGASHIMATSUSHIMA

东松岛孩子们的大众之家

设　计　伊东丰雄建筑设计事务所、大西麻贵（o+h）

竣工日期　2013 年 1 月

所 在 地　宫城县东松岛市

这是在 600 多户居民居住的临时住宅园区内为小朋友准备的集会场所。为了能够在临时住宅园区的孩子们心中留下温暖回忆，想将其建设成一个舒适和令人愉快的地方。在居民的合作下，通过多次讨论确定了最终形式。完成的“大众之家”由三部分组成。第一个是将大家聚集在固定脚炉旁的“桌子之家”。第二个是地面上有柴火炉的“温暖之家”。第三个是带有轮子可以移动到各个地方的“故事和戏剧之家”。通过使用不同宽度的走廊将房屋连接在一起，既有狭窄的地方又有宽阔的地方，既有明亮的地方又有黑暗的地方，“大众之家”宛如一座小城镇。

由 T-Point 捐建，并由其子公司 Tpoint Japan 运营的“大众之家”

计划将临时住宅园区内现有集会场所旁边的空间划作为孩子们聚集玩耍的空间

1. 东松岛孩子们的“大众之家”
2. 向日葵集会场所（现有集会场所）
3. 应急临时住宅

用地图纸 1：10000

暖炉之家
可以烤红薯
像货摊一样

天文之家
打滚玩耍的场所
可以阅读绘本等

厨房之家
可以制作料理
还可以开店

桌子之家
吃饭、做作业
大家聚集场所

初期方案的草图。结合孩子们的活动，可以诞生不同场景的可活动的“大众之家”

观看电影和练习乐器的“桌子之家”

坐在凳子上边闲谈边准备食物的“温暖之家”

圣诞节扮演麋鹿的父亲们拉着装有圣诞老人和孩子的“故事和戏剧之家”

供孩子们奔跑玩耍的外廊

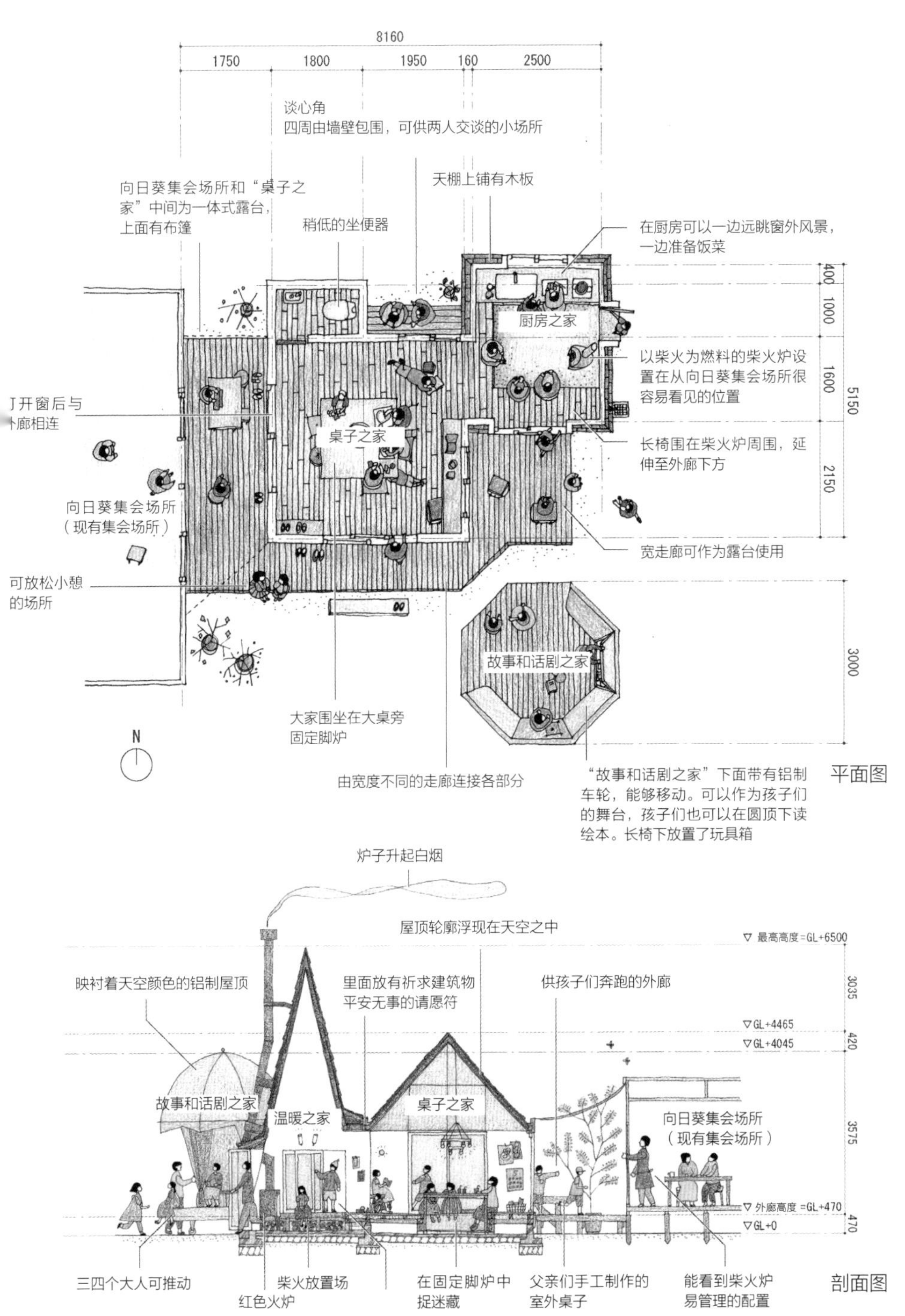

所在地： 宫城县东松岛市
设计者： 伊东丰雄建筑设计事务所、大西麻贵（o+h）
结构设计者： 橡树结构设计
承包商： 庇护所
竣工日期： 2013 年 1 月
主要用途： 集会场所（应急临时建筑物）

建设主体： T point Japan
占地面积： 836.1 m^2
总建筑面积： 31.04 m^2
建筑面积： 31.04 m^2
层数： 地上 1 层
结构： 木结构 + 部分铝板结构

❼ HOME-FOR-ALL IN IWANUMA

岩沼的大众之家

设　计　伊东丰雄建筑设计事务所

竣工日期　2013 年 10 月

所 在 地　宫城县岩沼市

它是东京的互联网公司为那些为恢复海啸后农业生产而努力的人们提供的“大众之家”，也是通过农业和互联网技术的融合创建未来农业的基地。

这是一座在深屋檐与土地之间呈现质朴农家气息的东西向狭长木屋。大家使用三合土铺设了地面，整个建筑以可以穿鞋进入或进行产地直销的空间、烹饪美味米饭的灶台为中心，还设置了一张大桌子，可以使用网络电话 Skype 开会。另外，还有一个可以进入外廊与其他人一起喝茶的场所。

现在，这里除了在周末进行互联网企业管理下的产地直销和蒸米饭表演外，还成为了公益农业法人设立的基地，以及农业实验场和农业学校。

南侧外景（图片提供者：INFOCOM）

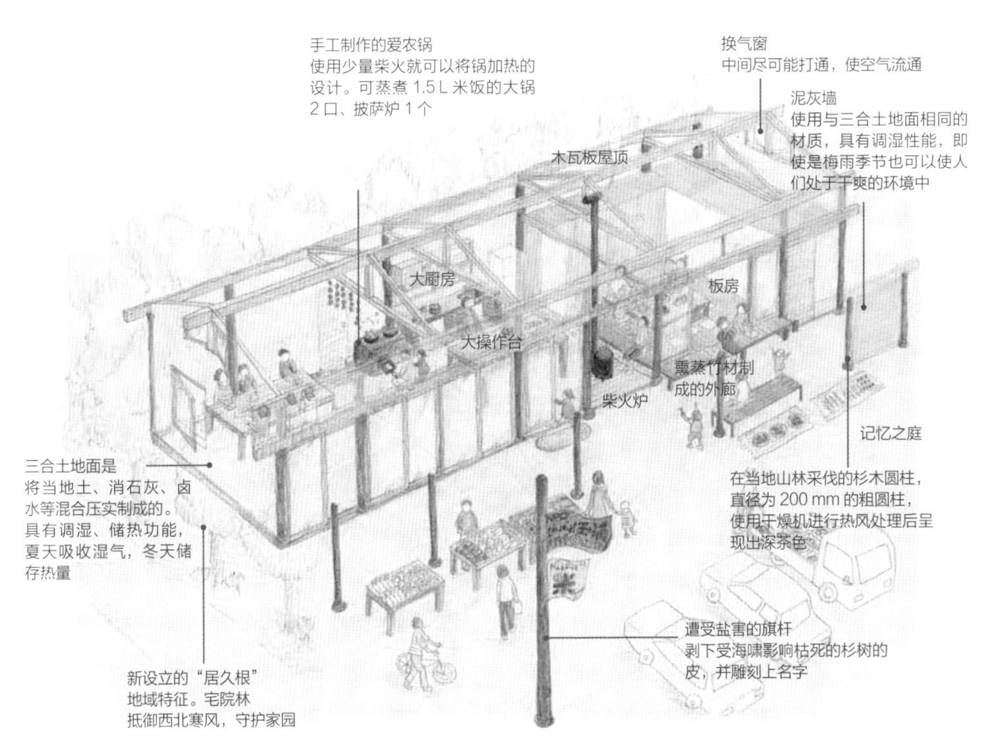

草图

砌筑灶台

在专业人士的指导下砌筑土壁

每周末开展的产地直销，销售管理时活用网络技术

农业相关人员即兴表演

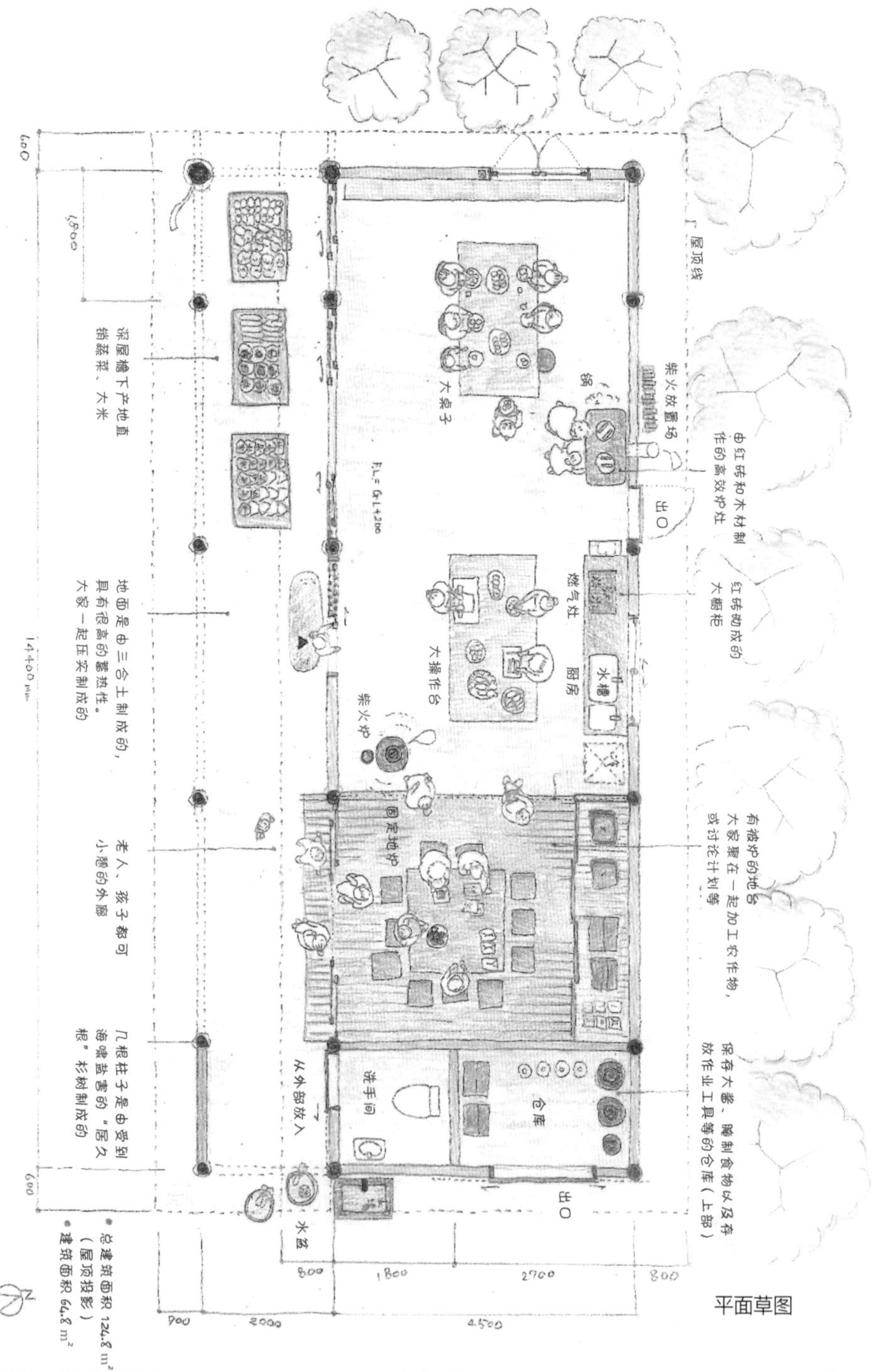

平面草图

所在地： 宫城县岩沼市

设计者： 伊东丰雄建筑设计事务所

结构设计者： 佐佐木睦朗结构计划研究所

设备设计师： 埃维尔

承包商： 今兴兴产、熊谷组（施工监督）

完成日期： 2013 年 10 月

主要用途： 事务所兼集会场所

建设主体： INFOCOM

占地面积： 406.47 m²

总建筑面积： 93.6 m²

建筑面积： 64.8 m²

层数： 地上 1 层

结构： 木结构

❽ HOME-FOR-ALL IN KUGUNARIHAMA, OSHIKA PENINSULA, ISHINOMAKI

牡鹿半岛十八成滨的大众之家

设　计　孟买工作室、京都造型艺术大学城户崎和佐研讨会

竣工日期　2013 年 7 月

所 在 地　宫城县石卷市

十八成滨曾经是鸣沙有名的海水浴场，民宿和商店林立的海边村落已经消失得无影无踪，现在这里是一片空地。从 2012 年夏天开始，在东京国立近代美术馆展示了 9 个月的由孟买工作室设计的“夏日之家”被移建到了这片空地后侧高台上残留的神社前，作为“大众之家”使用。

整体移建以京都造型艺术大学城户崎和佐研讨会的学生为主导。2013 年 5 月底，他们将之从美术馆拆除并搬出，在 7 月中旬使用起重机在十八成滨进行设置安装。

这里主要是农民畅谈未来、分享海产品，以及儿童放学途中游玩的地方。2017 年秋天，随着居民向高地转移，“大众之家”也搬到了高处的公园里。

以高台白山神社为背景的 3 个设施。从左至右分别为秋千亭、塔亭、长亭（图片提供者：川村麻纯）

塔亭二层朝向十八成滨夕阳落下的方向（图片提供者：川村麻纯）

从东京国立近代美术馆搬出

用两天时间将其设置在十八成滨

从京都来的学生和从山形、东京来的志愿者

与当地居民共同协商后最终的设置方案（图片提供者：川村麻纯）

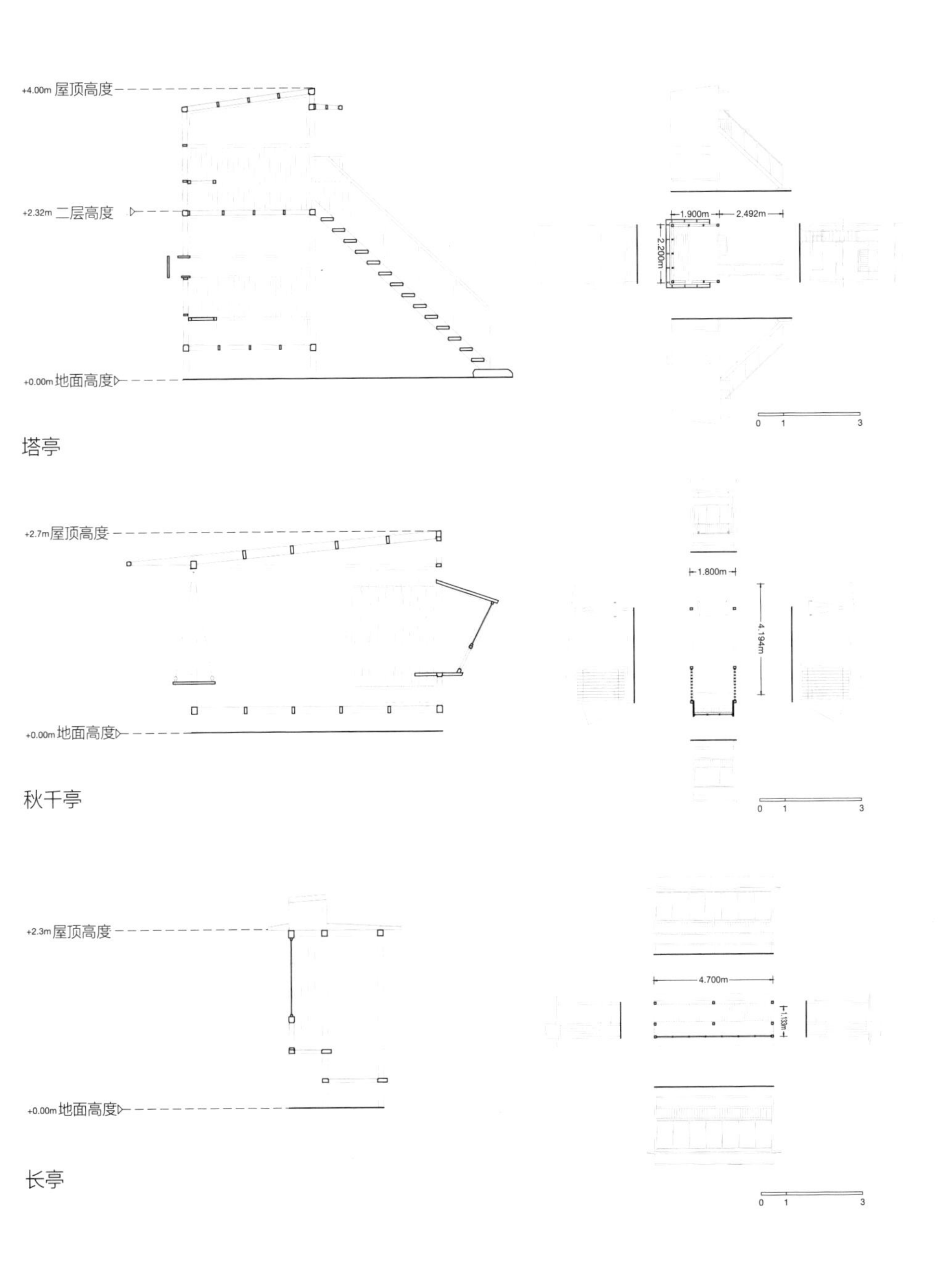

所在地： 宫城县石卷市

设计者： 孟奚工作室、京都造型艺术大学城户崎和佐研讨会

承包商： 京都造型艺术大学城户崎和佐研讨会、维达广艺、庇护所

完成日期： 2013 年 7 月

主要用途： 休息场所

建设主体（管理）： 石卷市十八成滨行政区

总建筑面积： 塔亭，10.17 m^2；秋千亭，7.54 m^2；长亭，5.31 m^2

结构： 木结构

❾ HOME-FOR-ALL FOR FISHERMEN IN KAMAISHI

釜石渔夫的大众之家

设　计　伊东丰雄建筑设计事务所、天工人工作室、Ma 设计事务所

竣工日期　2013 年 10 月

所 在 地　岩手县釜石市

釜石渔夫的“大众之家”由人们聚集活动的主屋和辅屋外的休息场所“巴林的渔夫小屋”两栋构成。“巴林的渔夫小屋”在 2010 年的威尼斯双年展上获得了金狮奖，之后在东京都现代美术馆进行了展出。

为了将渔夫小屋移建到釜石，作为“大众之家”成为渔业复兴的基点，我们重新设计了主屋，现在就算冬天也能温暖度过了，并与渔夫小屋并列设置。由此“巴林的渔夫小屋”重生了。它不仅是渔业人员聚集的场所，还是体验渔业劳动和销售的地方。

釜石渔夫的“大众之家”是由来自日本全国各地的志愿者和当地人合作建设而成的。外壁是用釜石产的泥土砌成的土墙，而屋顶是用剥下的一片一片的杉树皮铺设而成的。内部是硅藻土喷漆，并以釜石产的暖炉和大谷石的地炉为中心安置了大大的桌子。

2017 年末到现在，该“大众之家”从临时水产工会的地皮上迁移到釜石港的中心，日后将把它作为永久设施使用。

巴林的渔夫小屋（左）和主屋（右）

与当地渔业相关人员商谈

移建后的巴林小屋（图片提供者：中村绘）

志愿者在剥杉树皮

上梁仪式的场景

以地炉为中心的桌子（图片提供者：中村绘）

围坐在地炉桌旁

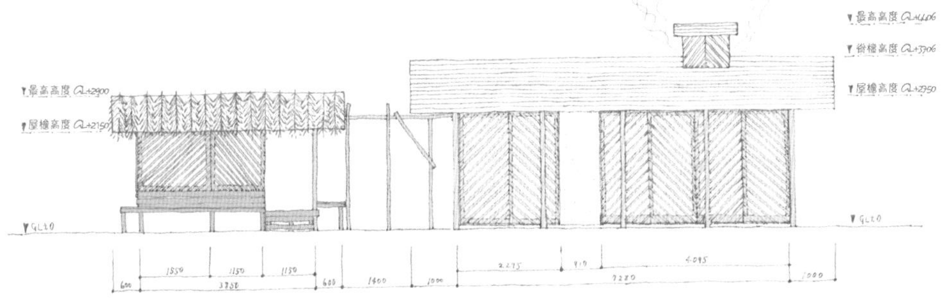

立面草图

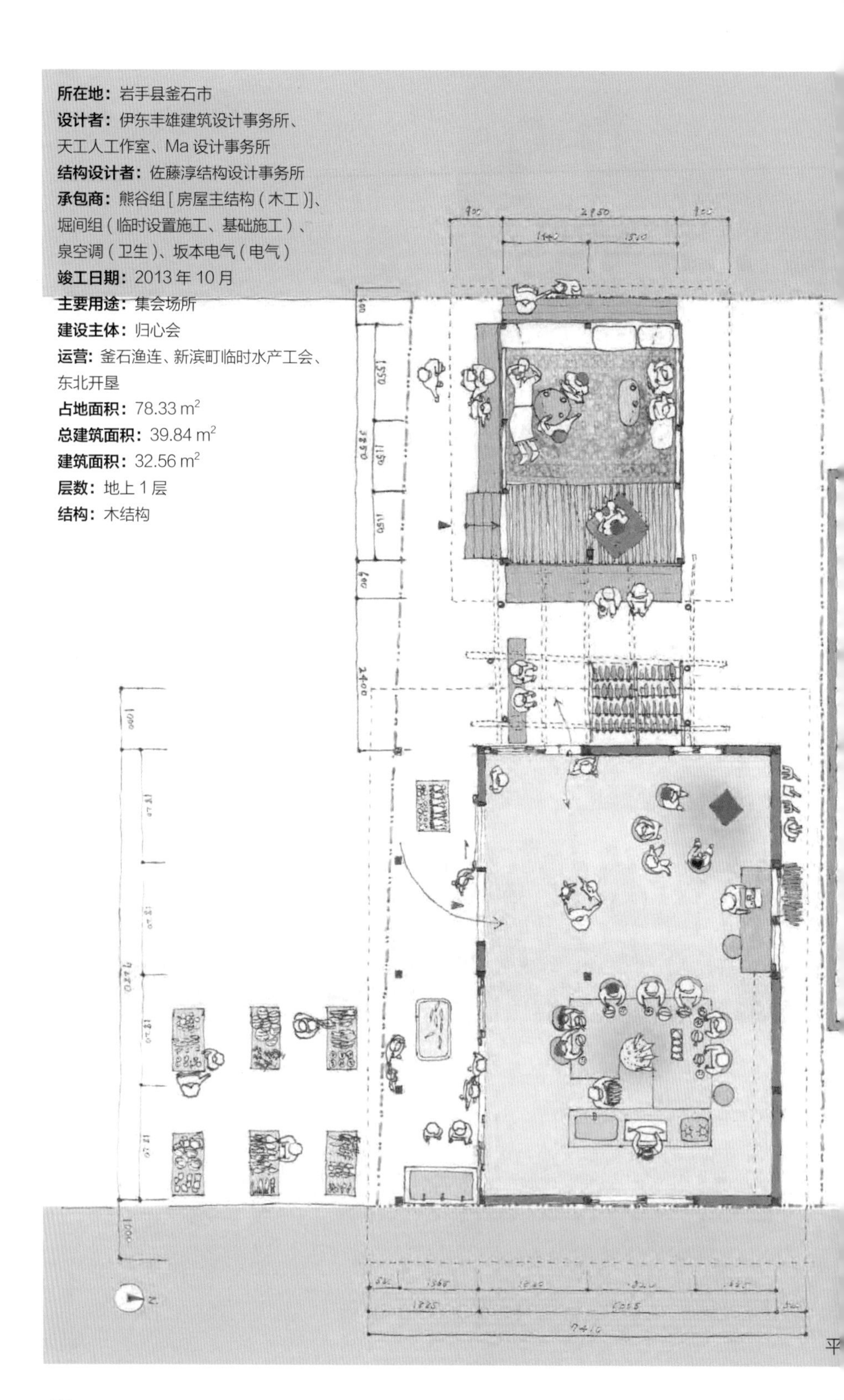

所在地：岩手县釜石市
设计者：伊东丰雄建筑设计事务所、天工人工作室、Ma 设计事务所
结构设计者：佐藤淳结构设计事务所
承包商：熊谷组 [房屋主结构（木工）]、堀间组（临时设置施工、基础施工）、泉空调（卫生）、坂本电气（电气）
竣工日期：2013 年 10 月
主要用途：集会场所
建设主体：归心会
运营：釜石渔连、新滨町临时水产工会、东北开垦
占地面积：78.33 m²
总建筑面积：39.84 m²
建筑面积：32.56 m²
层数：地上 1 层
结构：木结构

平

⑩ HOME-FOR-ALL IN OYA, KESENNUMA

气仙沼大谷的大众之家

设　计 Yang Zhao、Ruofan Chen、Zhou Wu、妹岛和世（顾问）、渡濑正记（当地建筑师）

竣工日期 2013 年 10 月

所 在 地 宫城县气仙沼市

气仙沼大谷的“大众之家”位于当地定居点的渔港，是当地渔民捕鱼前后的工作场所、休息场所以及村落居民们进行交流的地方。

屋顶下的大部分空间（117 m^2）都是对外开放的，可以从天花板中间打开的三角口中看到天空。建筑物向周围环境开放，在具有透明感的同时，里侧还有适合当地人聚集的带有屋顶的室外空间。

屋顶下方是由柏树胶合板铺设而成的天花板，整体空间营造出温馨而富有安全感的氛围，同时屋顶支撑部分的开放性是这一空间的显著特征。黑暗中从建筑物里透出灯光，它像灯塔一样，在港口迎接捕鱼归来的人们。

从港口看大众之家的外观（图片提供者：铃木久雄）

开有三角口的屋顶所覆盖的空间（图片提供者：Jonathan Leijonhufvud）

从东北方向看（图片提供者：Jonathan Leijonhufvud）

捕鱼后的作业场景（图片提供者：Hideki Shiozawa）

完工典礼场景（图片提供者：Jonathan Leijonhufvud）

与居民交换意见的场景（图片提供者：Toshiaki Takahashi）

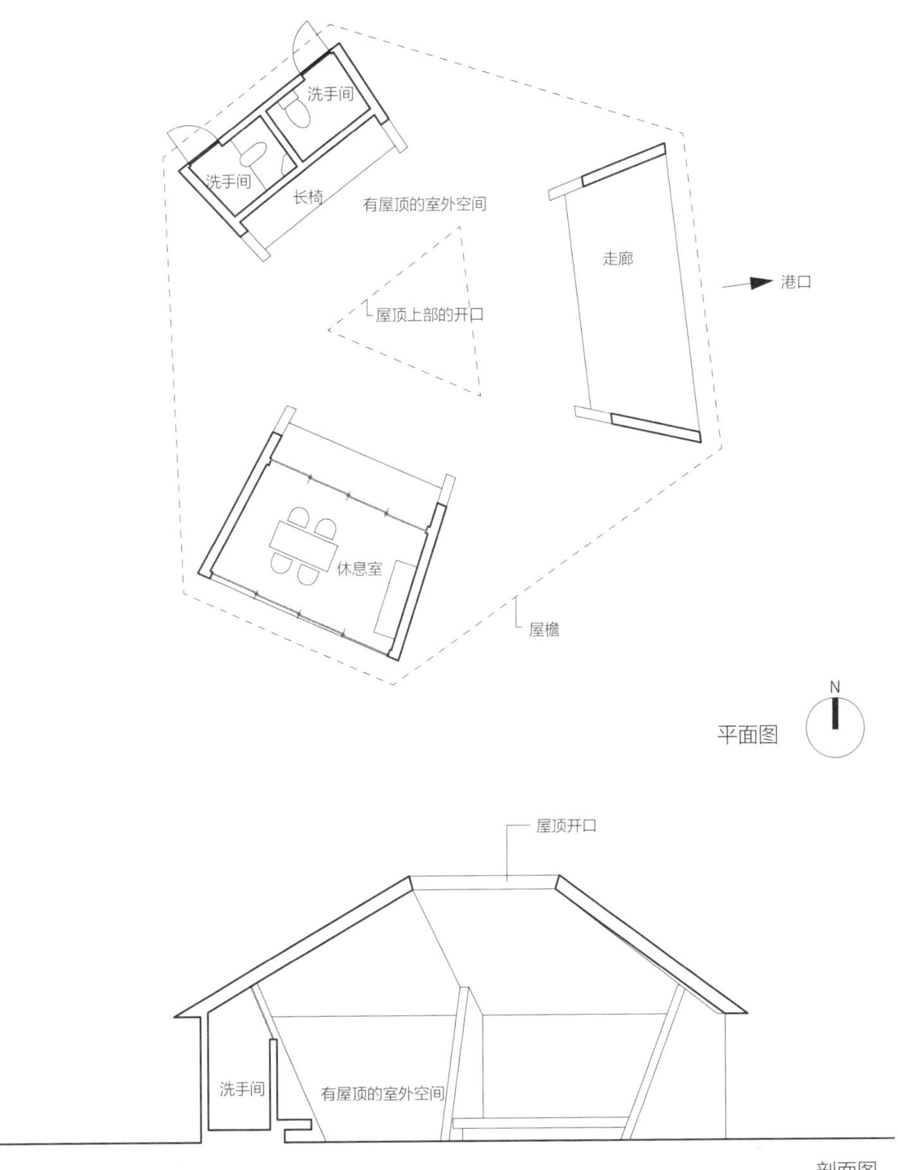

所在地： 宫城县气仙沼市
设计者： Yang Zhao、Ruofan Chen、Zhou Wu、妹岛和世（顾问）、渡濑正记（当地建筑师）
结构设计者： 滨田英明
承包商： 铁建建设、高桥工业
竣工日期： 2013 年 10 月

主要用途： 休息场所、作业场
建设主体： 归心会
占地面积： 419.21 m^2
总建筑面积： 93.45 m^2
建筑面积： 93.45 m^2
层数： 地上 1 层
结构： 钢筋混凝土 + 部分钢结构

⑪ HOME FOR ALL IN KAMAISHI

釜石的大众广场

设　计　伊东丰雄建筑设计事务所

竣工日期　2014 年 4 月

所 在 地　岩手县釜石市

釜石市立鹈住居小学和釜石东中学受“3・11”地震引发的海啸的影响，海水一直浸到三层，一时间，孩子们不得不坐公交到距离校舍 3 km 左右的内陆临时校舍上学。利用 Nike 捐款和与 Architecture for Humanity 慈善组织合作，计划在这个临时学校的操场上，建造以供儿童体育活动为目的的釜石市第 4 栋“大众之家”。

校舍位于深山的山谷中间，将山中稍微开阔的场地设为运动场，这里充满了棒球部和足球部练习的声音。在二层，棒球部建造了一个长 22 m 的开放式露台，可以用于投球练习或观看比赛。在这个开放的营地上可以看到周围郁郁葱葱的山脉。一层是休息室，可用作仓库、更衣室、厕所，以及比赛后的会议室和母亲们休息的场所。

学校俱乐部以及地区团队充分利用操场与俱乐部举行活动

鸟瞰图

设计阶段听取孩子们的意见，向其询问什么样的建筑才能充满欢乐

在设计过程中，我们多次聚集了小学和初中的学生，展示建筑模型的同时询问他们想要的样式。在开办竣工仪式当天，聚集了少年棒球队的孩子们。在竣工仪式结束后，清洗了二层露台上的投手土台，并在此举办了开球仪式。

开球仪式（图片提供者：Architecture for Humanity）

竣工仪式的集体照（图片提供者：Architecture for Humanity）

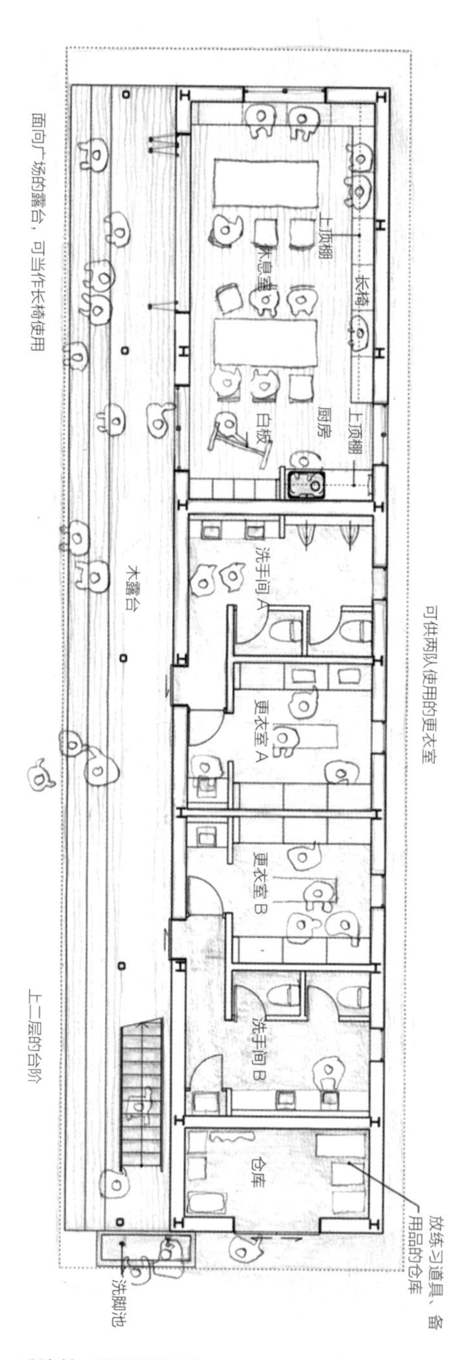

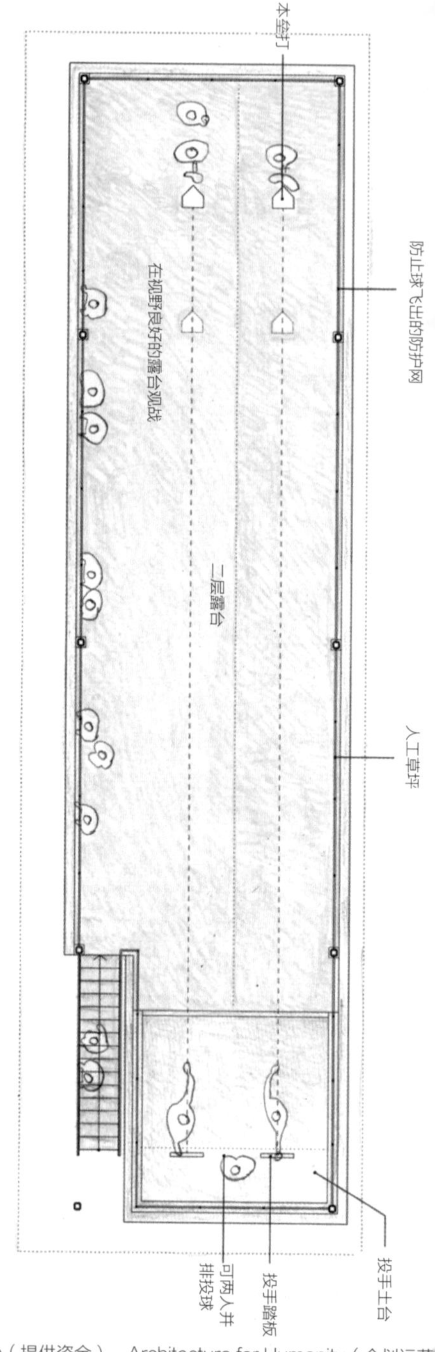

所在地： 岩手县釜石市
设计者： 伊东丰雄建筑设计事务所
结构设计者： 佐藤淳结构设计事务所
设备设计者： 埃维尔
承包商： 熊谷组
竣工日期： 2014 年 4 月
主要用途： 俱乐部

建设主体： 釜石市、Nike（提供资金）、Architecture for Humanity（企划运营
占地面积： 11 155.63 m²
总建筑面积： 121.99 m²
建筑面积： 207.75 m²
层数： 地上 2 层
结构： 钢结构

⑫ HOME-FOR-ALL IN TSUKIHAMA, MIYATOJIMA

宫户岛月滨的大众之家

设　计　妹岛和世、西泽立卫（SANAA）

竣工日期　2014 年 7 月

所 在 地　宫城县东松岛市

在宫户岛月滨的原公民馆遗址，建造了作为渔业和观光的起点，并兼具作业场所和休息室作用的“大众之家”。为保证在夏天可以通过凉爽的南风，而在冬天可以抵御寒冷的北风，便将似翩翩舞动的波浪式屋顶降到了极限。另外，位于木制主屋的两条轨道，使进入屋顶的光线不断变化。清晨渔夫们开着轻型卡车来到这里，中午时分老人们在这里悠闲地眺望着沙滩，傍晚夕阳西下渔夫们归来，在这里喝着香甜的美酒迎接下一个早晨。我希望这个曾经充满活力的海滩能够借“大众之家”的契机再次活跃起来。

夏天海水浴场的情景

可以远眺大海的宫户岛月滨的“大众之家”

在钢结构支撑上架有木梁

渔夫们工作时的场景

体验学习的场景

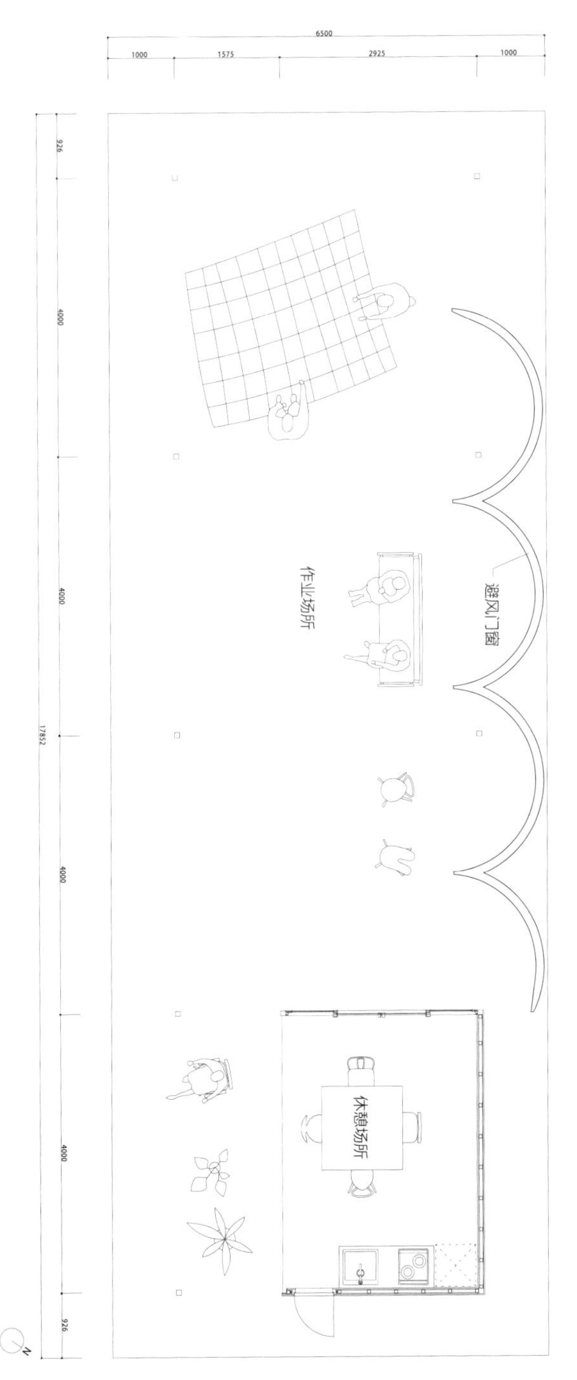

平面图

所在地： 宫城县东松岛市

设计师： 妹岛和世、西泽立卫（SANAA）

结构设计师： 佐佐木睦朗结构计划研究所

承包商： 庇护所、小泽建筑材料（屋顶）、KOA（钢结构）

完成日期： 2014 年 7 月

主要用途： 渔业厂房、休息场所

建设主体： 月滨海苔工会、月滨鲍工会

占地面积： 232 m^2

总建筑面积： 72 m^2

建筑面积： 72 m^2

层数： 地上 1 层

结构： 钢结构

⑬ HOME-FOR-ALL FOR CHILDREN IN SOMA

相马孩子们的大众之家

设　　计　伊东丰雄建筑设计事务所、Klein Dytham architecture

竣工日期　2015 年 2 月

所 在 地　福岛县相马市

这座“大众之家”是应 T Point Japan 的呼吁，实现了相马市希望有一个地方可以让孩子们安心玩耍的愿望。

孩子们可自由奔跑在圆形地面上。仿佛轻轻飘落的草帽般的屋顶，是由 20 mm × 120 mm 落叶松长板材料按照 60° 角叠加 9 层连接而成的。支撑屋顶的 3 根支柱被做成树的形状，与鸟、松鼠等主题融为一体，将室外空间的景象带入内部。外壁是红白条纹的杉木板材，远远看去就像马戏团来到公园一样，让人觉得充满活力。

在相马市的管理下，在这里开展了各式各样的亲子活动，整个空间都洋溢着欢笑。

大屋顶围住的广阔空间（本节中无标注的照片都由 Koichi Torimura 提供）

举办亲子活动的场景

歌手土屋安娜出席竣工仪式（图片提供者：Klein Dytham architecture）

外壁的红白条纹映衬着远处的绿色

9 层 20 mm × 120 mm 的落叶松板材叠加在一起

孩子活动的内部空间中摆放着座椅

树形支柱上小鸟、松鼠等动物形象

草帽式的屋顶（图片提供者：Klein Dytham architecture）

“马戏团”终于来到了公园！

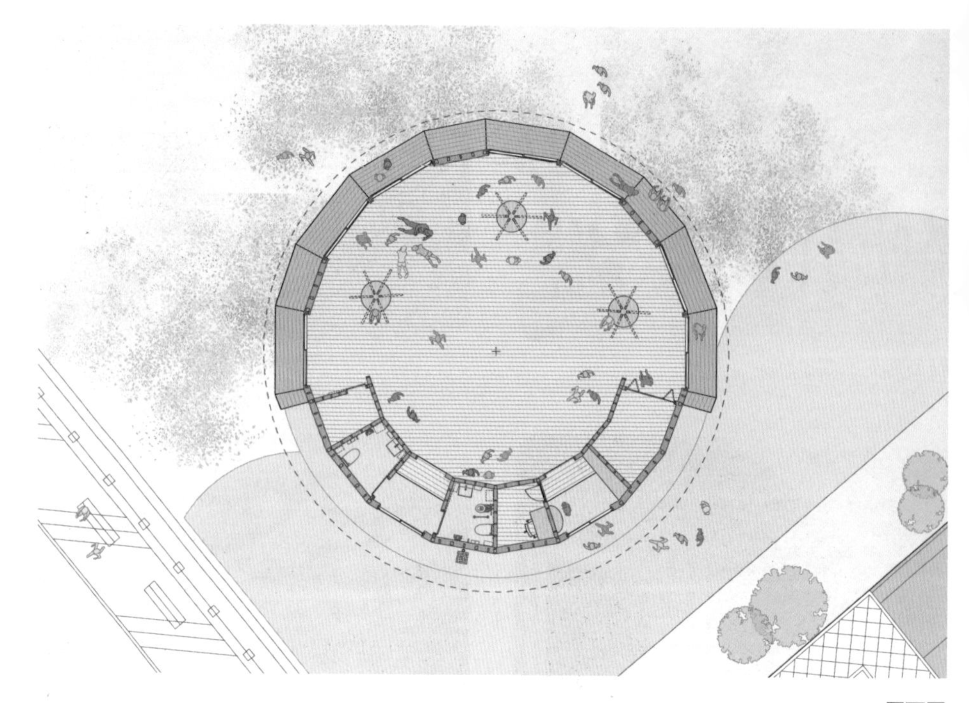

平面图

剖面图

所在地：福岛县相马市
设计者：伊东丰雄建筑设计事务所、Klein Dytham architecture
结构设计者：Arup
设备设计者：Arup
承包商：庇护所、滨岛电工（空调）、大场设备（设备）、旭电设工业（电气）
竣工时间：2015 年 2 月
主要用途：休息室
建设主体：T Point Japan
占地面积：19 807.78 m^2
总建筑面积：176.63 m^2
建筑面积：152.87 m^2
层数：地上 1 层
结构：木结构

⑭ PLAYGROUND-FOR-ALL IN MINAMISOMA

南相马大家的游乐场

设　计　伊东丰雄建筑设计事务所、柳泽润（contemporaries 有限公司）

竣工日期　2016 年 5 月

所 在 地　福岛县南相马市

2014 年 7 月，当我和伊东丰雄一起去看场地时，发现隔壁小学的操场上根本没有人，所有人都在体育馆里玩耍。此外，附近的幼儿园操场也都覆盖着人造草坪。

尽管地震已经过去三年了，但仍能强烈感觉到这里的人们仍然对辐射心有余悸。

于是，我们决定为孩子们设计一个室内沙箱，并提议采用一种亲子屋顶，屋顶形状像所有人都很熟悉且一眼就能认出的马戏团屋顶。在两个大屋顶下，纤细而有力量的木造框架结构温柔地笼罩着孩子们。孩子们可以在外面的木制平台上转圈奔跑。读一读许愿板上孩子们写下的梦想非常有趣。我真诚地希望这个游乐场能够成为该地区人们的心灵港湾。

内部场景。置于两个大屋顶之下的葫芦形沙箱，孩子们可以在其中开心玩耍

东侧外观。从里面的小学、幼儿园可以看到亲子屋顶

壁上挂满许愿板

孩子们在进行外墙喷涂

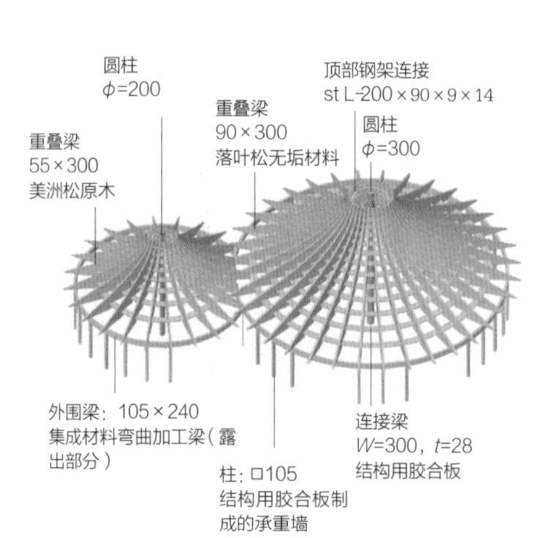

在施工期间，我们与孩子们一起喷涂了外墙，这样大家会对大众之家这一建筑充满爱意，同时也为大家制造了一个用自己的双手进行创造的机会。

此外，为了与当地人们和世界各地的人们尽可能地共享重建信息，在完工后，我们做了许多许愿板，游客们可以在许愿板上写下愿望并把它装饰在建筑物的外墙上。从孩子到老人，每个人的想法叠加在一起，这将是一股强大的力量，会创造南相马的光明未来。

剖面图

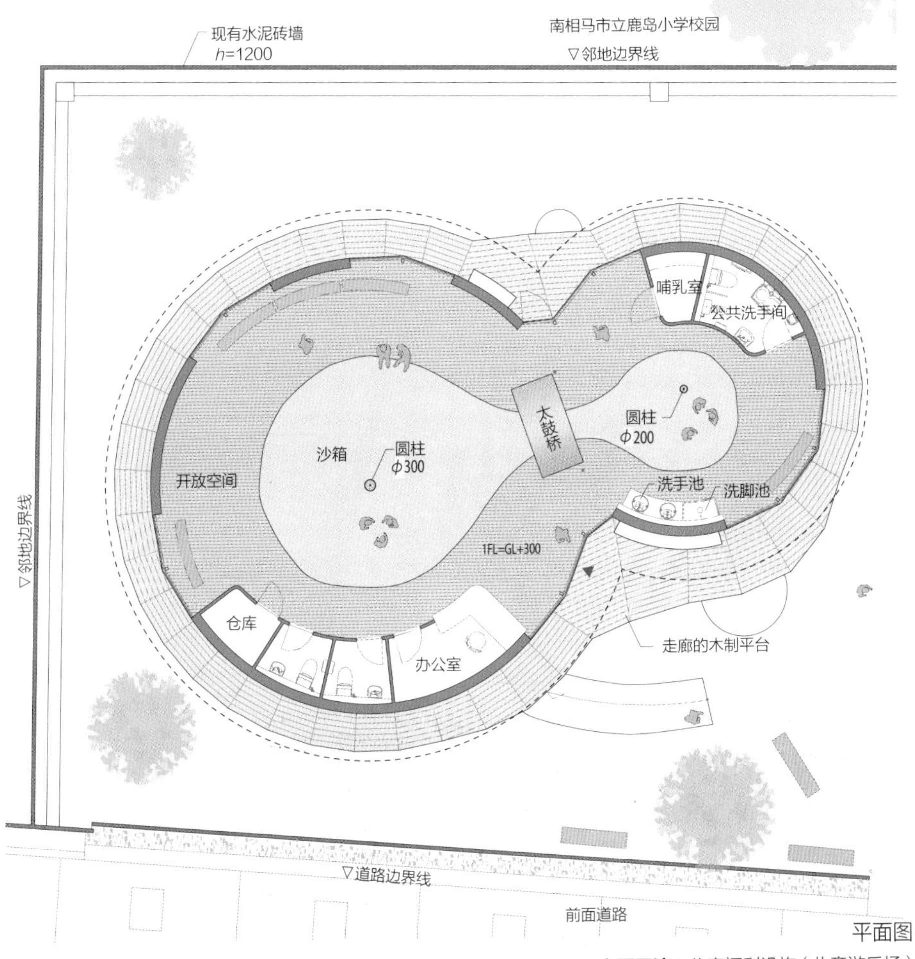

平面图

所在地： 福岛县南相马市

设计者： 伊东丰雄建筑设计事务所、柳泽润（contemporaries 有限公司）

结构设计者： 铃木启、A. S. Associates

设备设计者： 柿沼整三、ZO 设计室

承包商： 庇护所、滨岛电工（空调）、大场设备（设备）、旭电设工业（电气）

竣工时期： 2016 年 5 月

主要用途： 儿童福利设施（儿童游乐场）

建设主体： T Point Japan

占地面积： 697.82 m^2

总建筑面积： 171.37 m^2

建筑面积： 153.34 m^2

层数： 地上 1 层

结构： 木结构

⑮ HOME-FOR-ALL IN YABUKI

矢吹町的大众之家

设　计　长尾亚子、腰原干雄、矢吹町商工会（太田美男、国岛贤）
竣工日期　2015 年 7 月
所 在 地　福岛县西白河郡矢吹町

矢吹町的“大众之家”位于福岛县中通区。东日本大地震中，内陆受灾也很严重，矢吹町全部损坏和部分损坏的建筑物共有 4700 栋。计划将“大众之家”作为市中心的休息场所，从设计到施工都是与矢吹町工商会成员、志愿者一起推进的。连接广场与休憩庭院的尖屋顶建筑就是“大众之家”。当地团队负责多边形休息区，东京队负责凉亭。在照明、设备、瓦工、瓷砖、木工、漆工等方面，我们也拥有具备各种技能的人才。另外，凉亭和带有水泵井的里侧庭院是由当地志愿者建造的，后来成为了儿童和成年人都可使用的“町之庭”。

可遮阳可挡雨，城市内的休憩场所（图片提供者：浅川敏）

不连续的垂木共有 3 种剖面形状，尺寸是孩子都可以拿起的大小。虽然每一片很小，但聚集在一起就可以展现出强大的力量（图片提供者：浅川敏）

当地志愿者在修剪花草

尖屋顶中涂色的垂木（图片提供者：浅川敏）

与孩子们一起给垂木涂色

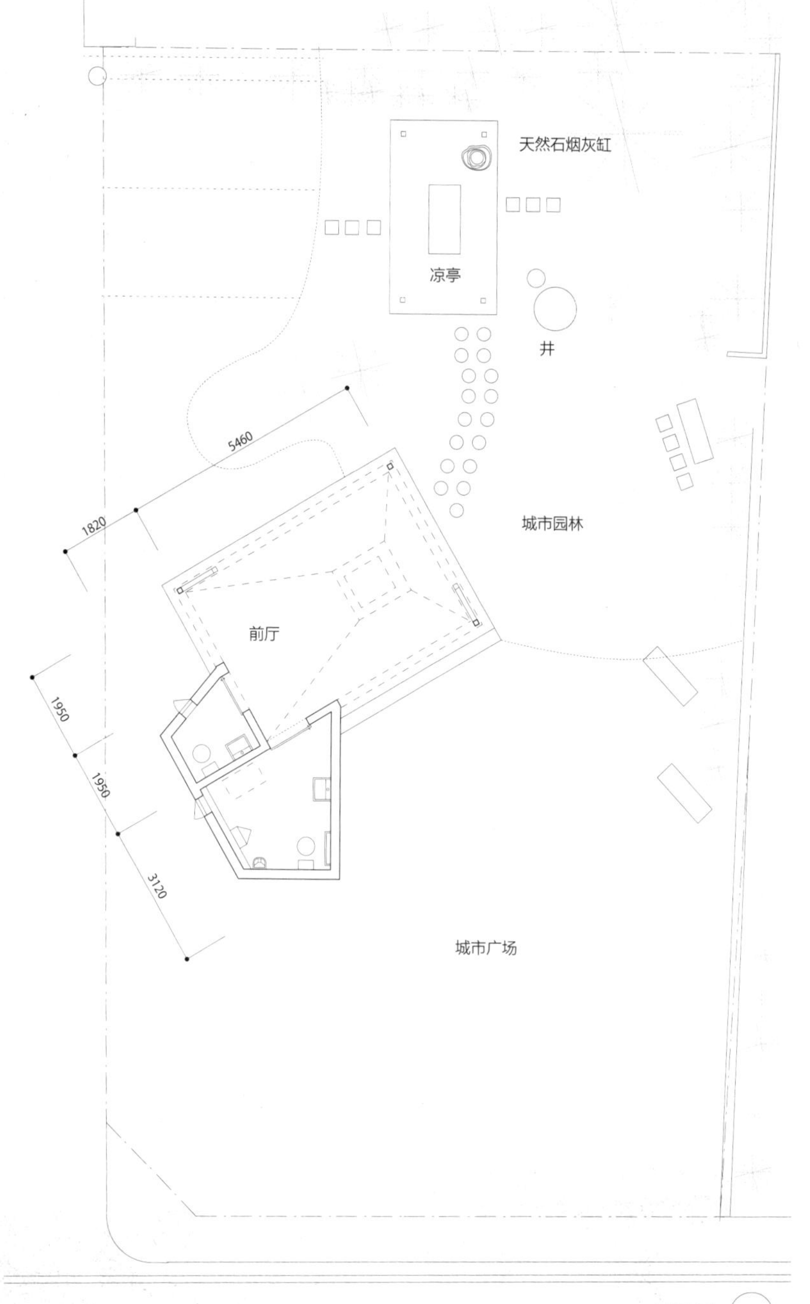

平面图

所在地： 福岛县西白河郡矢吹町

设计者： 长尾亚子、腰原干雄、矢吹町工商会（太田美男、国岛贤）

结构设计者： 腰原干雄、kplus

承包商： 平成工业、白岩泥瓦匠工业、Yoshinari涂装店、根本设备工业、伊藤电设工业、太田工业（矢吹町工商会会员 JV）

竣工日期： 2015 年 7 月

主要用途： 休息室、庭园

建设主体： 矢吹町商工会

占地面积： 366.74 m^2

总建筑面积： 31.9 m^2

建筑面积： 31.9 m^2

层数： 地上 1 层

结构： 木结构

⑯ HOME-FOR-ALL IN SHICHIGAHAMA / KIZUNA HOUSE

七滨的大众之家“羁绊之屋”

设　计　近藤哲雄建筑设计事务所

竣工日期　2017 年 7 月

所 在 地　宫城县宫城郡七滨町

为了因地震灾害而失去游乐场的孩子们，公益组织 RSY 建立了“羁绊之屋”。为了实现孩子们和居民们延续“羁绊之屋”的愿望，又建造了这个“大众之家”。为增强居民们对“大众之家”的认可度，建设充分利用生涯学习中心一角的优越地理位置和广阔的空间。不仅是室内，整个场地都属于“大众之家”的范围。我们与市民们一起种植树苗、耕田、平整广场，面向美好的未来不断努力，希望“大众之家”能够与孩子们一同成长。

开放日的全景，聚集了 500 多人

上图：数年后的预测图。为了让“大众之家”成为一个更好的地方，每个人都在竭尽所能，参与建造

中图：自由地在室内和广场之间来回走动，为了能够一体使用，将“大众之家”建成了明亮的开放空间

下图：在花盆上彩绘，然后栽种植物

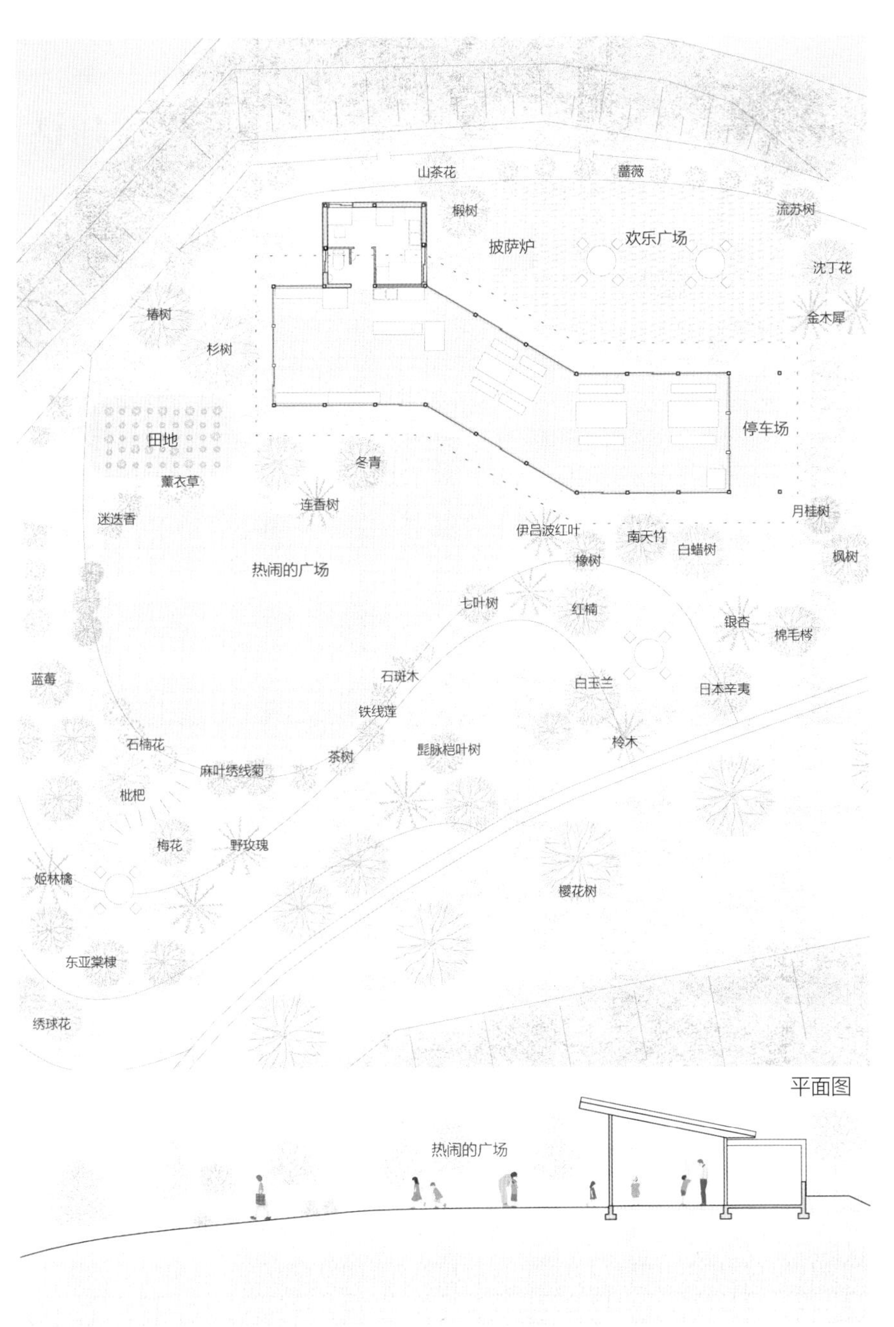

平面图

剖面图

所在地：宫城县宫城郡七滨町

设计者：近藤哲雄建筑设计事务所

结构设计者：金田充弘、樱井克哉

环境设备设计者：清野新

外部结构设计者：Green Wise

承包商：庇护所

竣工日期：2017 年 7 月

主要用途：孩子们的游乐场

企划运营：公益组织 RSY

占地面积：1232.15 m^2

总建筑面积：89.67 m^2

建筑面积：87.99 m^2

层数：地上 1 层

结构：木结构

建筑以有机的形式展现，建筑师是其媒介

平田晃久

平田晃久建筑设计事务所创始人，京都大学副教授

陆前高田的“大众之家”已经完成了在最初场所的使命，现在已被拆除并存放在仓库中。由于当地的增高计划高于原计划，“大众之家”也被移建到了城镇正中央。

虽然并非一切都能够按照预期进行，但我强烈地感觉到要将在那里所做的事情和学到的东西运用到其他项目中。即使在很短的时间内，也有一些人认为在地震发生后的某个时期需要像“大众之家”这样的地方。能够和其他几个人一起参与其中，对我来说也积累了很多经验。我也认识到在建造公共建筑时，不能仅由自己来思考设计方案，还要让使用的人参与其中。

当发生东日本大地震时，我也思考过作为一名建筑师应该做些什么，却不知道应该怎么做。就在这时，听到了伊东先生发出的呼吁，与乾久美子女士和藤本壮介先生合作设计，还有来自陆前高田的摄影师畠山直哉，共同在陆前高田建造了“大众之家”。由于还决定该项目参加威尼斯双年展国际建筑展，因此有必要将其建造成一个有趣的建筑。与此同时，我们也考虑要为受灾地区做些什么，这是一件非常有意义的事情，但在那种复杂的情况下，设计始终停留在我们三个人的想法当中。

年后，即 2012 年我们三人又去了一次陆前高田。预定的建设地是聚集了 30 户左右居民的临时住宅园区，在这里我们再次遇见了负责人菅原美纪子女士。菅原女士对我们说想要寻找其他的地方来建造“大众之家”。当海啸淹没陆前高田町时，人们都撤离到当地最大的初中体育馆内，虽然将体育馆挤得满满的，但素不相识的他们都友好地相处，从某种意义上来说，相互支持的日子过得很有趣。但是在搬到临时住宅园区后，大家渐渐变得疏远起来。如果从临时住宅园区再搬到正式住宅，就会变得更加疏远。虽然这是再所难免的事情，但大家会因此处于一种非常紧张的精神状态，所以我们想创建一个能够将已经疏远的人们像在体育馆那样重新聚集在一起的地方，并想将它建在能够看到陆前高田且在体育馆附近的高台上。这样的想法让我们强烈地感受到我们并不是在狭窄的区域内做游戏，而是在做一件真正有意义的事情。

太田市美术馆 · 图书馆（2017）面向群马县太田市东武线太田站的站前广场。有市民经营的咖啡馆，以及充分利用汽车零部件工厂的技术制作家具等店铺，出于珍视当地人的人际关系建造而成（图片由 daici ano 提供）

通过建造“大众之家”，我认识到建筑不仅仅是一个结果，也不仅仅是一个建造过程，它还包括在哪里建造、人们想要如何聚集，以及需要怎样的聚集方式。于是，我们三个人再次从原点出发。

与其表现出各自的个性和想法，不如考虑和讨论在那里有什么，怎样设计更加符合现状，并在各个阶段寻找其中的共同点。虽然说是由三个人完成的，在某种程度上也可以说是一种合作，但是它并不是三个人共同点的叠加，而是将每个人的想法融合在一起之后的作品。

在建造过程中，需要不断与那里的人们交谈。例如，想砍伐山上的一棵树木以使用木材时需要和森林的主人交涉并获得其许可，还有去砍伐的人们，整个过程中会遇到各种各样的人。通过这个过程，我深切地在实地体验到了原来建筑可以这样做。没有任何人强烈地坚持做某件事，建筑以更有机的形式表现出来，建筑师则作为媒介参与其中。威尼斯双年展虽然与受灾地区无任何关联，但也成为了一个不可分割的部分。

2016 年 12 月，通过设计竞赛建成了太田市美术馆・图书馆。群马县的太田市是一个以斯巴鲁汽车（富士重工）而闻名的城市，但车站前面基本没有行人。每个人都是开车从一个目的地行驶到另一个目的地的，根本没有与陌生人交流的机会。该镇的居民们也逐渐意识到了这种危机，并开始计划做些什么来改变这种状况。这虽然不能与瞬间在海啸中消失的城镇相比，但是很相似，城镇在渐渐地死去。如果就此放任不管，会越来越严重。城镇里的人们都会变得冷冰冰的。

虽然在比赛中提出了方案，但后来在保持内涵不变的同时进行了各种重组，在每一个阶段都与城镇居民讨论、商定。每一阶段我们都以决定的事项为前提，逐步向前推进。与过去的研讨会和说明会不一样，并不是解释已经决定的计划并获得居民的认可，也不是寻求达成妥协的论点，而是共享危机感，与居民们认真地讨论应该如何做，整个过程都是那么有趣。通常我们会在办公室里想象这个城镇的人们会怎么想呢？这个城镇会是什么样的呢？讨论后再进行设计。虽然这项工作也有开展的必要，但真正了解情况的恰恰是该城镇的居民，与他们一起讨论，才有真实感，这样一来，建筑设计才更完善，而且过程更有意思了。

如果建筑师只是单纯地思考建筑，而不与世界接触，那就会与建筑使用者产生距离感，最终导致相互的不信任。也可以说随着这种状况不断发展，现在的日本建筑与社会产生了一定偏离。即使发生灾害，在受灾地区也没有听到要求建筑师介入的声音。从现在开始，在公共建筑的建造工作中，就要考虑可以为这个建筑做些什么，是否耐心地询问了使用者真正需要的是什么，只有这样才能重新获得居民们的信赖。这不是一件很容易的事情，但是通过这样做可以看到希望。建筑的趣味性与它成为被人们喜欢的地方永远不会矛盾。建筑与生活本身有关，它不仅仅是建筑师的东西，而应该让镇上的居民参与其中。正因为如此，通过实际建设，建立城镇与建筑的关系，只有把所有的事情联系起来，建筑才会变得更加有趣和有意义。

平田晃久

1971 年生于日本大阪府。1994 年毕业于京都大学工学部建筑系。1997 年完成了京都大学工程研究生院的课程。在伊东丰雄建筑设计事务所工作之后，于 2005 年成立了平田晃久建筑设计事务所。自 2015 年开始任京都大学副教授。主要作品有桝屋总店、sarugaku、alp、Kotoriku、太田市美术馆・图书馆等。获得了 2019 年 JIA 新人奖（2008）、Elita Design Award（2012）、第 13 届威尼斯双年展国际建筑展金狮奖（2012，与伊东丰雄、畠山直哉共同获奖）、日本建筑设计学会奖（2016）等奖项。

只要改变自己的态度，与城市的关系就发生了如此大的变化

大西麻贵

与百田有希共同创办 o+h 建筑事务所，横滨国立大学研究生院 Y-GSA 客座副教授

自东松岛孩子们的“大众之家”开始建造大约半年后，我租了临时住房，一边在这里生活一边关注现场的建造情况。因为我并不是每天都有工作，就做一些杂事：清理现场，与当地人一起喝酒，把猪肉汤端给木匠，和来现场玩的孩子一起玩耍等。 通过这种方式，实时感受到建筑是如何在人们的生活中建造起来的。

当真正住在临时住房时，使我感到惊讶的是临时住房的隔声很差，甚至能够听到隔壁打开房门的声音。如果家里有小孩子，其哭声会给周围邻居增添很多麻烦。因此我想要建造一个能让孩子们无拘无束玩耍的地方。居民中有人想要庆祝六十大寿，如果在震灾前，就可以邀请亲朋好友到自己家来，但现在是在临时住宅就行不通了。

奈良县香芝市的“Good Job Center KASHIBA”。考虑创建一个多样化的空间，每个人都可以使用，有可以一个人工作的桌子、沙发休息区等，这些都设置在一个空间里

此时，我又有了一个想法，能否在“大众之家”举办呢。我切实地感受到能够将大家聚集在一起的场所，对我们的生活来说是多么重要。

在考虑建筑师与客户之间的关系前，应先从人与人之间关系的角度去考虑这应该是一个什么样的地方，然后思考如何发挥各自的能力去建造建筑。这是一件非常有趣的事情。但首先你要融入当地的人群中去，这是我初次建造“大众之家”的体验。

从地震发生后到从东北回来之前，我从未和一位出租车司机交谈过，也从未想过与一个擦肩而过素不相识的人交谈。但当我初到东北时，突然就询问了镇上的一个阿姨："您怎么了？"与第一次见面的人交谈，然后倾听，并谈论自己的事情，最初可能会觉得非常不自然。后来，我在东京的时候也尝试这样做，比如与出租车司机、咖啡店里坐在旁边的人聊天。

在地震发生以后，我强烈地感受到作为建筑师如果能够与各种各样的人联系在一起，那么即使你工作在东京，你所拥有的也不仅仅是你所在的地区。那时，我所工作的地方在中目黑大厦的 5 楼，后来从那里搬到了日本桥滨町的一个由车库改成的办公室。因为它以前是车库，前面大门不是玻璃门，所以需要像蔬菜店一样，一直开着门工作。这样，可能就会有一个孩子突然进来，问我这个模型是什么，或有人进来问路的情况发生。即使没有直接前去主动搭话，但我知道自己正在融入当地人群中。

有一次，一辆卡车突然停在办公室前面，一位素未谋面的叔叔问我："你们需要发泡聚苯乙烯吗？"当时我说："是的，需要啊！""我觉得你们这里应该需要包装用的发泡聚苯乙烯，就都放下了。"我们一起说："哇，谢谢你！"然后接受了他的赠与。只是改变了自己的态度，与小镇的关系就会发生如此大的变化。我们搬到这里，也是经过地震所见所做出的改变之一吧。

2011 年发生地震的时候，我还是研究生院的学生，虽然也有与客户接触、商谈的机会，但除此之外都是非常单一地进行课题设计。每天都在思考在我从来没有去过的土地上建造自己所想象的建筑。地震发生后，我再设计项目时思考的不再是建筑是否有趣，首先要考虑的是让那里的人爱上这片土地。如果你从事的是建筑工作，那么你的态度将成为你自己的生活方式，所以我认为喜爱你周围的人和事非常重要。

日本桥滨町的大西麻贵 + 百田有希 /o+h 建筑事务所。因为这里原先是车库，面对马路没有门扇。总是在打开门的状态下工作，也会有意想不到的客人

之后，2016 年在奈良县香芝市的 Good Job Center KASHIBA 设计了残疾人的工作设施。我觉得无论是何种工作，都要首先认为那里有趣，喜欢那里的人。设计也应该是这样开始的。

客户是非常优秀的群体，设施的设计理念是承认差异并重视差异。听说要建造一个"每个人都相信自己的能力，并可

以最大程度地发挥自己能力”的地方。我去了很多次现场，并与工作人员和成员一起度过了很多时光。我们在一起并不是简单地谈论建筑，而是一起去参观各种设施，与设计师和研究人员一起讨论“Good Job Center”应该是什么样的地方。从某种角度来说设计本身就是一种运动。通过讨论改变建筑的形状，从而改变自己的想法，在不断改变的过程中它变得更加有趣。

现在，我觉得有必要重新审视一下什么对自己来说是最重要的，并且通过对话的方式，挖掘自己的内心。我觉得这两件事情都是必不可少的。虽然建筑师被认为是一个在世界上想做什么就做什么，给人以困扰的群体，但同时人们也期望他们做出不同寻常的惊人的建筑吧。但我希望大家能够思考一下什么是惊人的建筑。

大西麻贵

1983 年出生于爱知县。2006 年毕业于京都大学工学部建筑系。2008 年毕业于东京大学研究院工学部建筑系。同年与百田有希共同创办 o+h 建筑事务所。2011 至 2013 年担任横滨国立大学研究生院 Y-GSA 设计助理。自 2017 年以来，任横滨国立大学的客座副教授。主要作品有双螺旋之家、Good Job Center KASHIBA 等。

第 4 章

大众之家，在熊本

★ HOME-FOR-ALL IN ASO

阿苏的大众之家(高田地区，池尻、东池尻地区)

设　计 伊东丰雄、桂英昭、末广香织、曾我部昌史

竣工日期 2012 年 11 月

所 在 地 熊本县阿苏市

为受到 2012 年 7 月发生的熊本地区大规模洪水影响的人们，熊本县在高田地区和池尻、东池尻地区各建造了 1 栋阿苏的“大众之家”。这是利用东北 1 号“大众之家”、宫城野区“大众之家”的专有技术开展的项目。

作为熊本县的第一个“大众之家”项目，在听取居住在临时住宅的每个人的意见后，大家一起参与建造的一个使用了本县木材的木制建筑。如果居民们有相应需求，将来也可以重复使用，这也是熊本县提出的重点要求。在听取了居民各种诉求的基础之上，如儿童和成人都可以使用，为方便老年人使用不设置台阶，可以穿鞋进入，能够轻松使用等，建造了两栋“大众之家”。

作为临时住宅的使用期结束后，高田地区和池尻、东池尻地区的“大众之家”都应当地居民的要求被再次利用，前者作为公民馆使用，后者作为市营住宅的集会场所移建后，被再次利用。

高田地区“大众之家”外观

高田地区“大众之家”内部结构。为方便老年人使用，没有台阶，设置了榻榻米和被炉

池尻、东池尻地区“大众之家”外观

居民提出了可以穿鞋进入的要求，于是设置了三合土地面和榻榻米的空间

高田地区的“大众之家”

所在地：熊本县阿苏市

设计者：伊东丰雄、桂英昭、末广香织、曾我部昌史

承包商：新产住拓

竣工日期：2012 年 11 月

主要用途：集会场所

建设主体：阿苏市

总建筑面积：49.91 m^2

建筑面积：42.97 m^2

层数：地上 1 层

结构：木结构

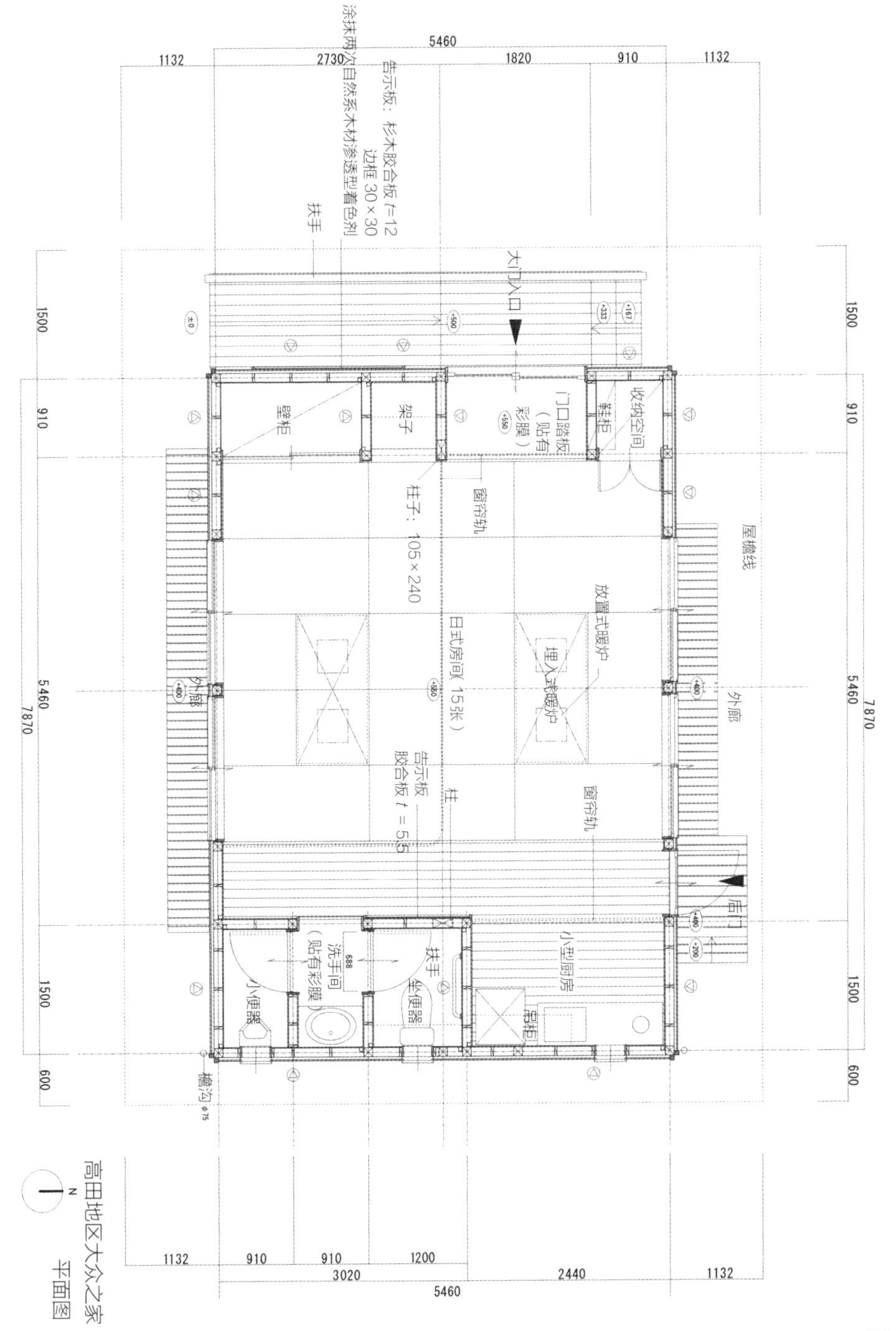

高田地区大众之家
平面图

池尻、东池尻地区的大众之家

所在地：熊本县阿苏市

设计者：伊东丰雄、桂英昭、末广香织、曾我部昌史

承包商：Sears Home

竣工日期：2012 年 11 月

主要用途：集会场所

建设主体：阿苏市

总建筑面积：48.44 m²

建筑面积：37.26 m²

层数：地上 1 层

结构：木结构

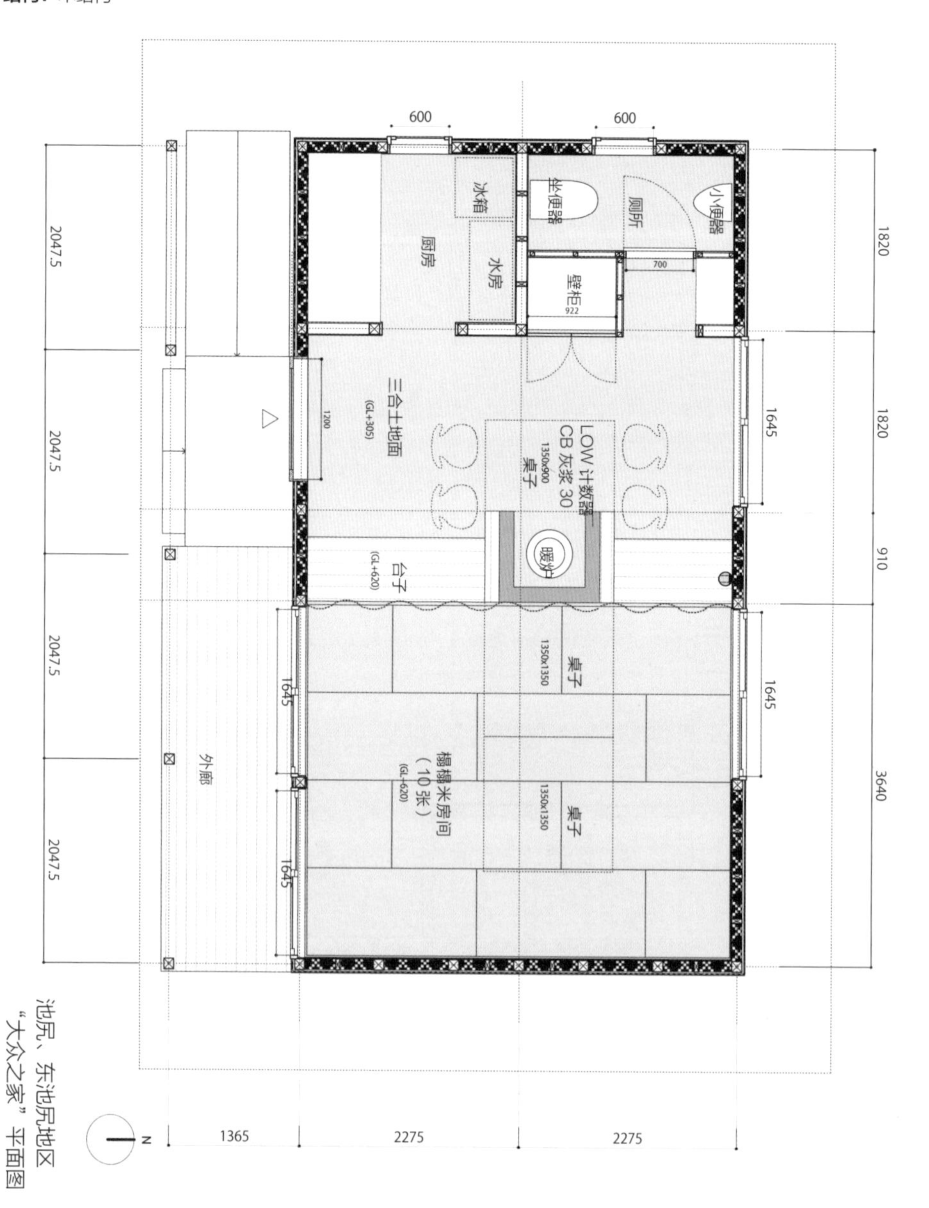

池尻、东池尻地区“大众之家”平面图

HOME-FOR-ALL IN KUMAMOTO / STANDARDTYPE "GATHERING SPACE" AND "CONVERSATION ROOM"

熊本的大众之家（标准型集会场所、标准型谈话室）

设　计 伊东丰雄、桂英昭、末广香织、曾我部昌史

竣工日期 2017 年 2 月

所 在 地 熊本县内集会场所类型 28 栋、谈话室类型 48 栋

熊本县为东北第 1 号“大众之家”——宫城野区的“大众之家”提供了木材和建设资金。在 2016 年 4 月发生熊本地震后，利用东北和阿苏的“大众之家”的经验建造了熊本的“大众之家”。

从熊本县知事蒲岛郁夫对“大众之家”的深入理解，以及熊本艺术城长年参与城市建设的实践来看，熊本县计划将约 4000 个临时住宅中的 15% 定为木制住房，并计划按照每 50 户临时住宅中建造 1 个木制“大众之家”的比例进行配置，预计需要建造 80 多栋。

在执行计划的初始阶段，行政人员、建筑师和建筑公司协同合作，共同在熊本建造了“大众之家”。集会场所类型（60 m^2）和谈话室类型（40 m^2）的“大众之家”在临时住宅园区开始建设时，就已经作为标准型“大众之家”开始实施，总共完成了 76 栋。还有与开始住在临时住宅园区的居民、运营商边交换意见边推进的正式型“大众之家”，共计 8 栋。后来又由日本财团提供资金，在不足 20 户的小规模住宅园区接连建设了 11 栋。

标准型集会场所的外观

标准型集会场所的内部结构类似于日本舞蹈教室的样子

标准型谈话室的外观

标准型谈话室的内部结构。除了用于日常使用，也作为体操教室等开展增进健康的活动

类型： 标准型集会场所

所在地： 熊本县内有 28 栋

设计者： 伊东丰雄、桂英昭、末广香织、曾我部昌史

承包商： 熊本县下的建筑公司

竣工日期： 2017 年 2 月

主要用途： 集会场所

建设主体： 熊本县

总建筑面积： 62.92 m²

建筑面积： 59.62 m²

层数： 地上 1 层

结构： 木结构

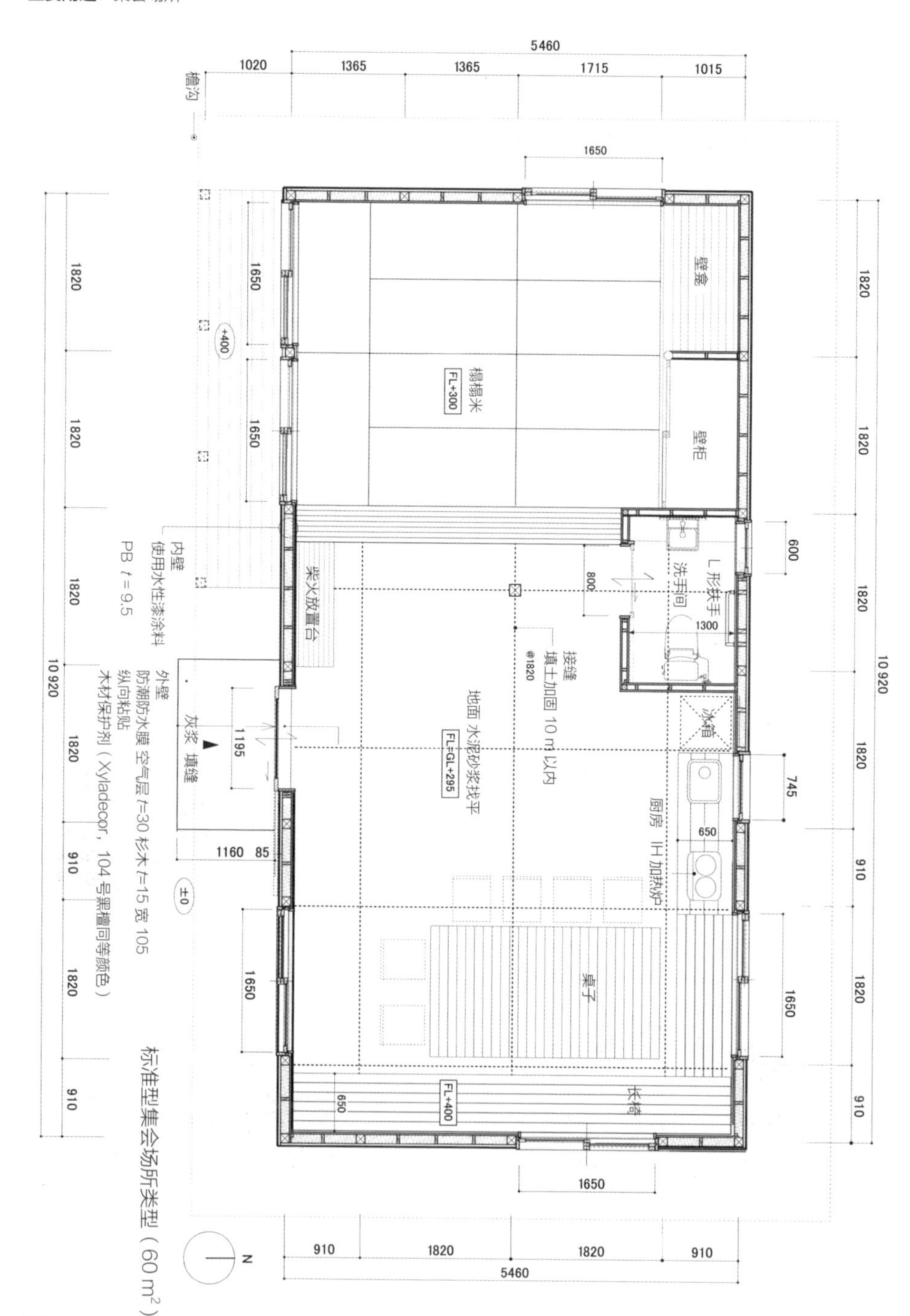

标准型集会场所类型（60 m²）

类型： 标准型谈话室
所在地： 熊本县内有 48 栋
设计师： 伊东丰雄、桂英昭、末广香织、曾我部昌史

承包商： 熊本县下的建筑公司
竣工日期： 2016 年 12 月
主要用途： 集会场所
建设主体： 熊本县

总建筑面积： 49.02 m^2
建筑面积： 42.97 m^2
层数： 地上 1 层
结构： 木结构

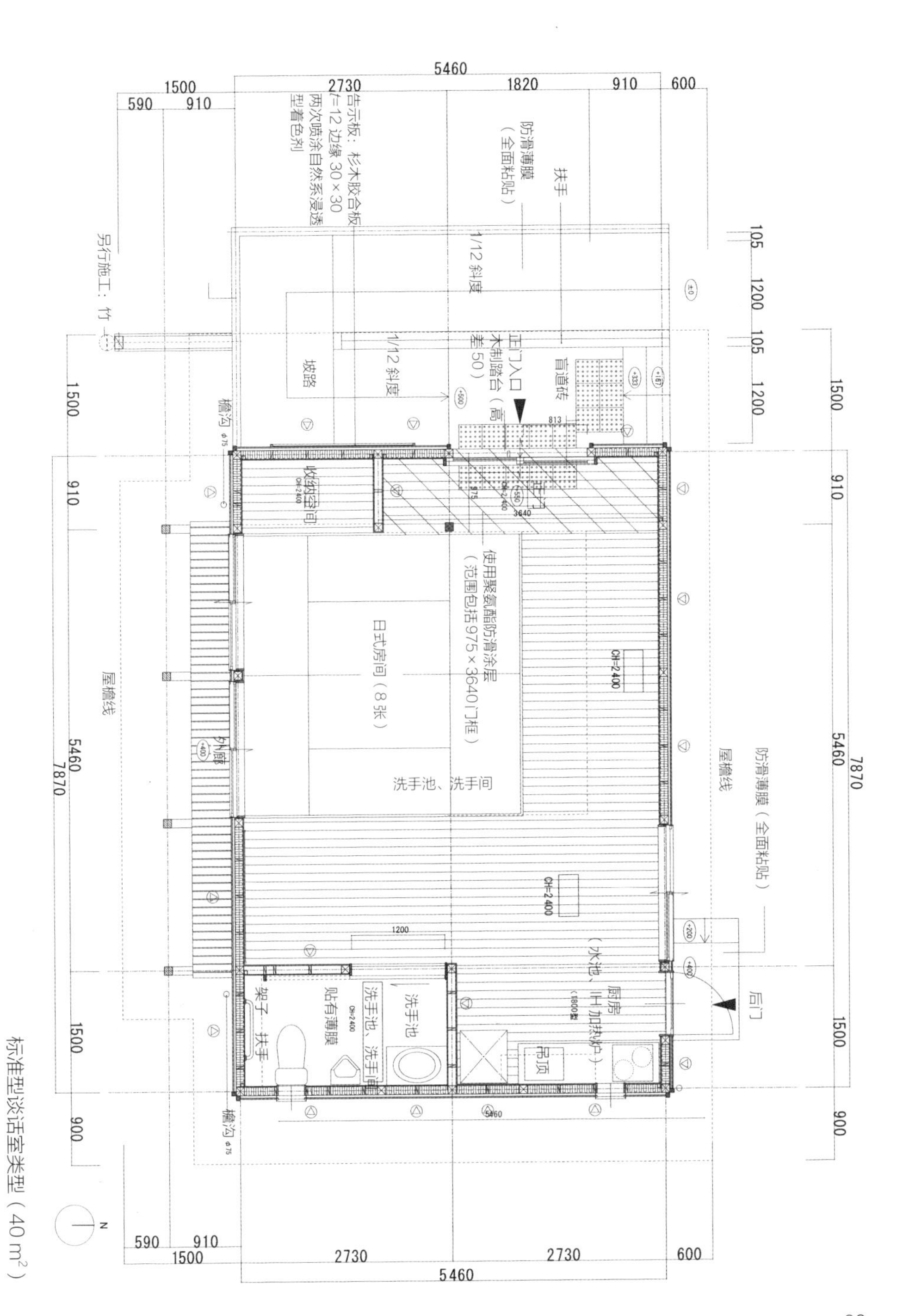

标准型谈话室类型（40 m^2）

❶ HOME-FOR-ALL IN SIRAHATA, KOSA

甲佐町白旗的大众之家（集会场所）

设　计　渡濑正记、永吉步（设计工作室）

竣工日期　2016 年 10 月

所 在 地　熊本县上益城郡甲佐町

建在町营运动场临时住宅园区里的白旗“大众之家”虽然是集会场所，但也是日常共用的居所，主要是为了缓解每个人不得不生活在非常狭小的临时住宅中的精神压力，也是整个住宅园区居民互相交流的地方。

白旗园区的住宅与正北方向基本呈 45° 角，与平行排列的住宅建筑纵线垂直相交，并与园区内的公路和步行街等公共动线相交。“大众之家”的用地几乎都位于小区的中央广场。

我们计划建造一个长屋顶，平行于公共动线的轴线，使每户的房子都处于前后广场和步行街之间，以便于更容易进入。细长的平台可以同时举办各种活动。

从广场方向看。学生志愿者和居民一起堆砌的花坛将广场与园区区分开来，可以防止孩子们飞奔而出

玩耍的孩子们

在可书写的墙壁上涂鸦

延伸到巷子里的长廊与铺席房间连在一起使用

与孩子们结成好朋友的学生志愿者们

人字形屋顶高天花板下的内部空间

带着小巷里的长椅，聚集在广场上的人们

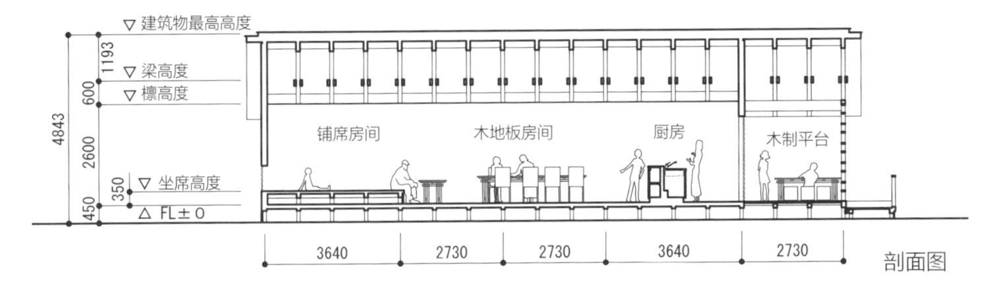

剖面图

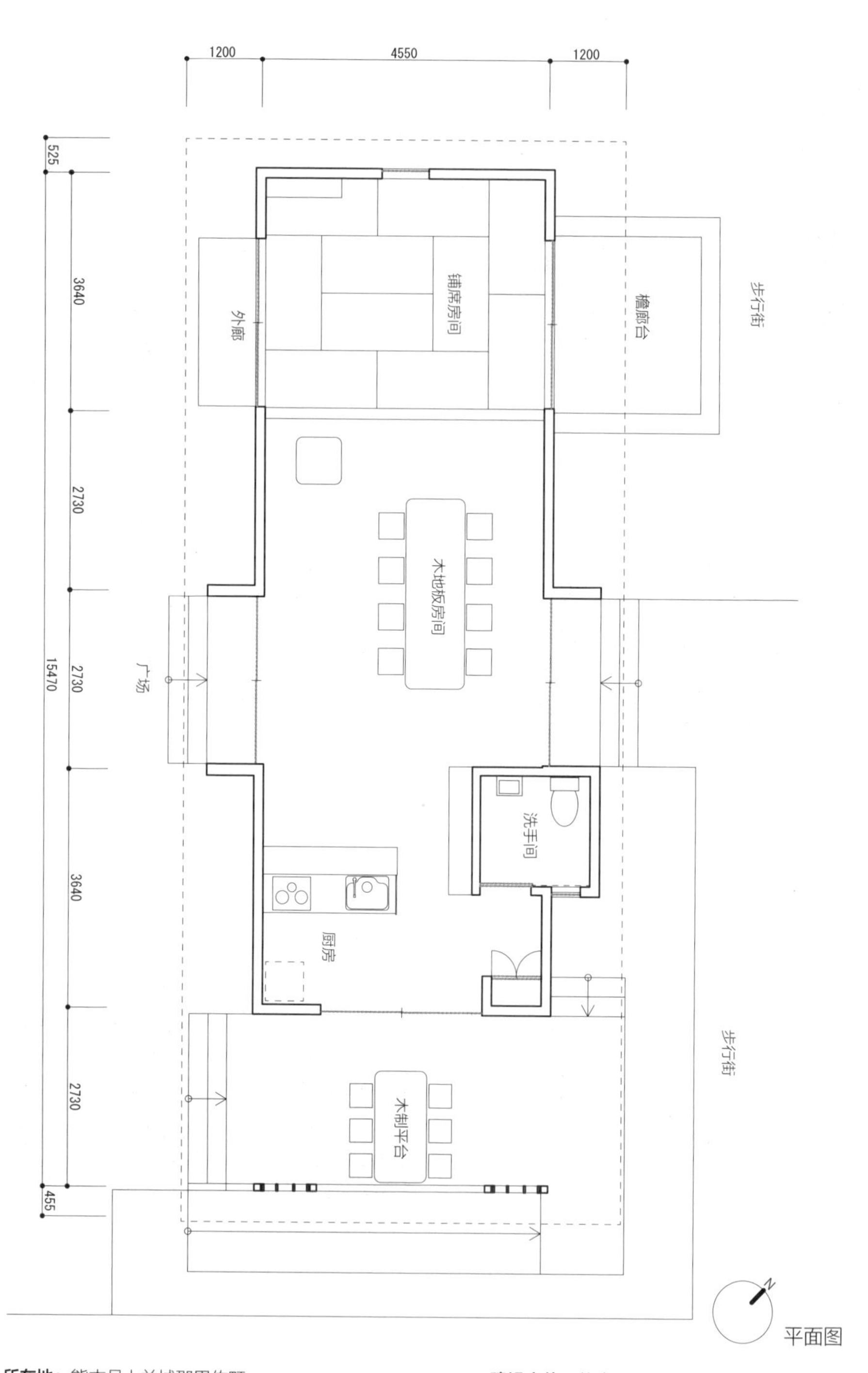

平面图

所在地： 熊本县上益城郡甲佐町

设计者： 渡濑正记、永吉步（设计工作室）

结构设计者： 横山太郎、工藤智之（低密度结构）

承包商： 千里殖产

竣工日期： 2016 年 10 月

主要用途： 集会场所

建设主体： 熊本县

总建筑面积： 80.58 m²

建筑面积： 75.84 m²

层数： 地上 1 层

结构： 木结构

❷ HOME-FOR-ALL IN HINOOKA, MINAMIASO

南阿苏村阳丘的大众之家（集会场所）

设　计　古森弘一、白滨有纪（古森弘一建筑设计事务所）

竣工日期　2016 年 12 月

所 在 地　熊本县阿苏郡南阿苏村

在设计阶段的研讨会上，居民们非常积极，且笑声不断。在研讨会上好几次提起了将临时住宅园区的交流寄托在“吃”这个简单的行为上。

我听说有人想要恢复烹饪课程，以前在这个地区开设过，但现在已经停止了。于是，建造了可以让大家一起热热闹闹聚餐的大檐廊。即使下雨，或没有钥匙，也可以随意自由使用。这里成为了孩子们的游乐场也成了养育幼儿的母亲活动的场所。

大家围绕着一个大厨房做饭，在宽阔的檐廊下吃饭。“大众之家”的日常使用正是这种简单的活动。

从广场方向看“大众之家”（图片提供者：针金洋介）

与居民一起制作年糕（本页图片提供者：大森今日子）

中间夹着广场与临时住宅园区邻接

里面与外面连接在一起的走廊

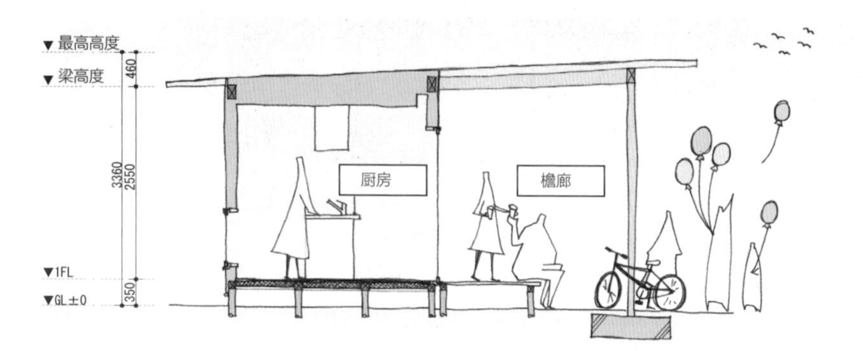

剖面图

所在地：熊本县阿苏郡南阿苏村
设计者：古森弘一、白滨有纪（古森弘一建筑设计事务所）
结构设计者：高嶋谦一郎（Atelier 742）
承办商：埃弗菲尔德
竣工日期：2016 年 12 月
主要用途：集会场所

建设主体：熊本县
总建筑面积：67 m²
建筑面积：34 m²
层数：地上 1 层
结构：木结构

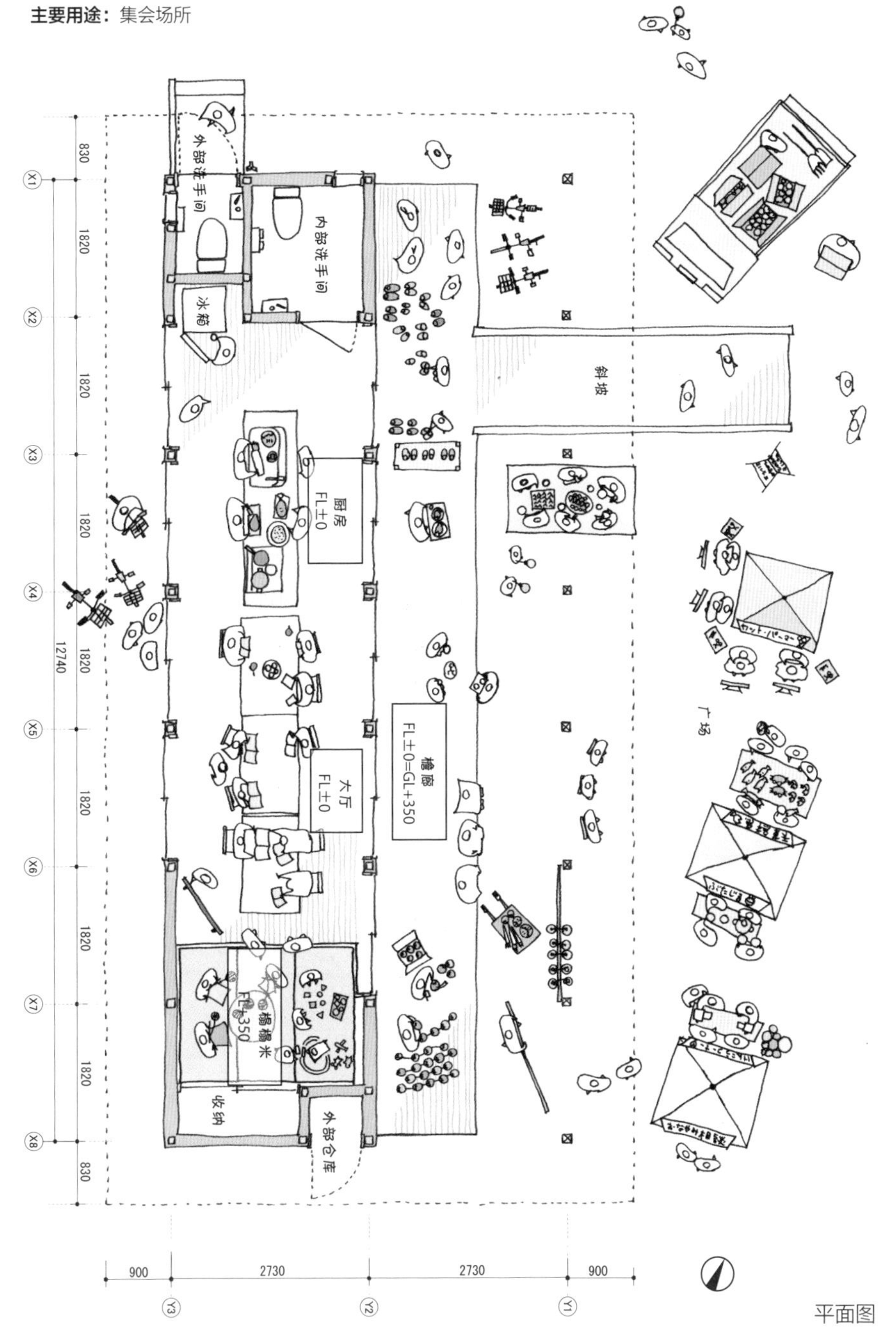

平面图

❸ HOME-FOR-ALL IN KOMORI 2, NISHIHARA

西原村小森2号大众之家(集会所)

设　计 kulos 的大谷一翔、柿内毅、堺武治、坂本达哉、佐藤健治、长野圣二、原田展幸、深水智章、藤本美由纪、山下阳子

竣工日期 2016 年 12 月

所 在 地 熊本县阿苏郡西原村

这是由日本建筑师协会九州支部熊本地区推荐的青年建筑师组织 kulos 设计的“大众之家”。

设计原则是采用人字形屋顶，建筑师适度发挥主动性，贴近受灾者。设计时利用照片介绍带有檐廊的“大众之家”，并与居民共同描绘生活的场景，最终将其建造出来。虽然讨论是从一个没有墙壁的模型开始的，但对其开放性的理解很透彻，大家想要一个不需要钥匙，任何时候都可以使用的“大众之家”。和居民一起商讨后建造的“大众之家”，现在也被居民爱惜地使用着，人们甚至还提出了城镇重建后移建的想法。作为当地的建筑师，我会尽我所能提供支持。

由榻榻米、檐廊和长椅围成的“大众之家”（图片提供者：针金洋介）

被临时住宅包围起来的小森 2 号“大众之家”

与前面的广场连接在一起使用

为方便进入，在外围设置了廊檐（图片提供者：针金洋介）

室内长椅代替了桌子和座椅（图片提供者：针金洋介）

人字形屋顶是建筑师必须实现的条件

在昏暗的临时住宅中点亮灯光

设计前与居民的意见交流会（穿蓝色工作服的为 kulos 成员）

居民集会的场景。现在也被居民爱惜地使用着

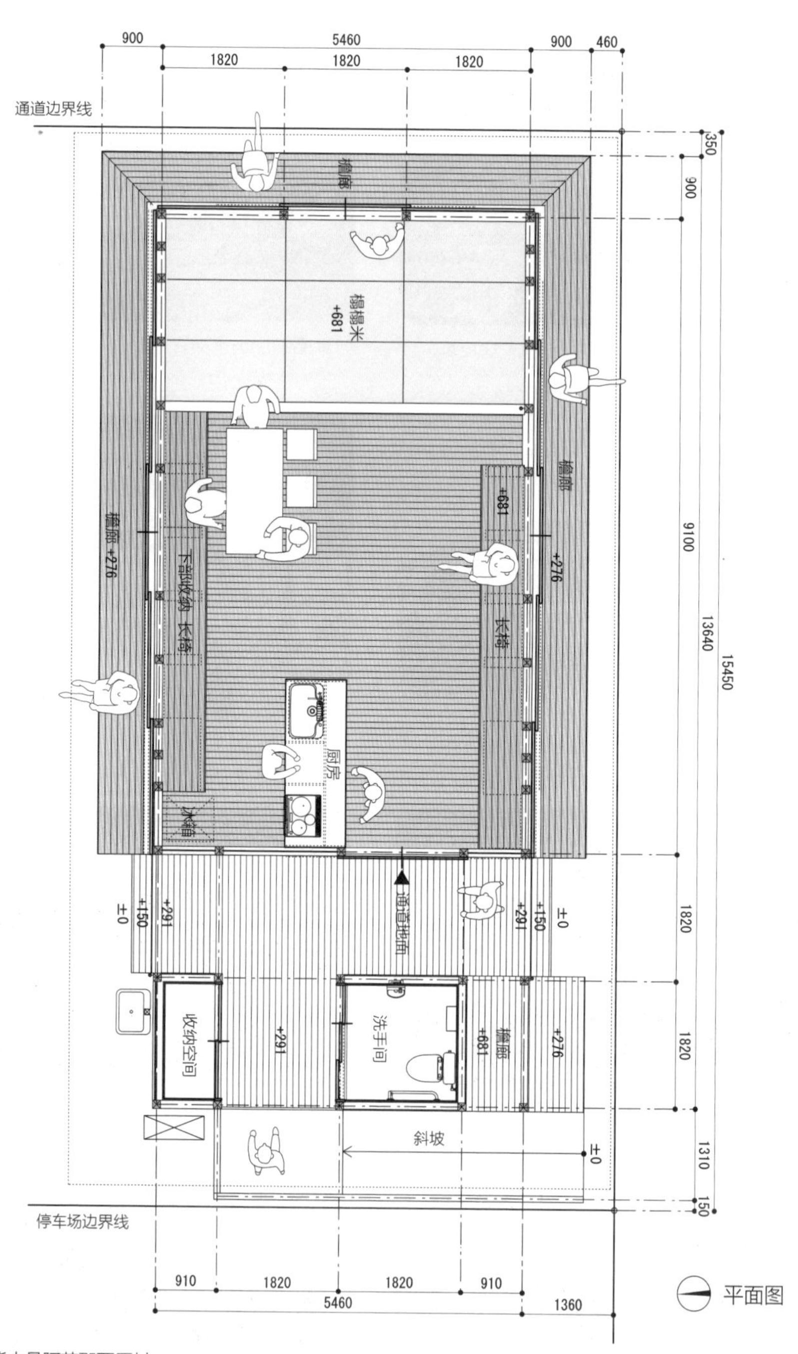

所在地： 熊本县阿苏郡西原村

设计者： kulos 的大谷一翔、柿内毅、堺武治、坂本达哉、佐藤健治、长野圣二、原田展幸、深水智章、藤本美由纪、山下阳子

结构设计者： 黑岩结构设计事务所

承包商： 和也建筑

竣工日期： 2016 年 12 月

主要用途： 集会场所

建设主体： 熊本县

总建筑面积： 79.14 m^2

建筑面积： 54.65 m^2

层数： 地上 1 层

结构： 木结构

❹ HOME-FOR-ALL IN KOMORI 3, NISHIHARA

西原村小森3号大众之家(集会场所)

设　　计　山室昌敬、松本义胜、梅原诚哉、佐竹刚、河野志保、本幸世

竣工日期　2016年12月

所 在 地　熊本县阿苏郡西原村

这栋“大众之家”基于“谁都可以轻松进入”的提议，采用了可以穿鞋进入整个室内的方案，配置了带脚轮的榻榻米和可移动式家具，可以自由布置。这里不既可以进行日常陈设，又可以作为艺术作品的展厅，还可以作为“猿乐能”(熊本的传统即兴滑稽狂言)的舞台使用。此外，根据邻近商店用户的行动路线，将洗手间设计为从外部可以使用的形式。集会的时候可以不用在意周围的目光，随意使用。

春天，可以从“大众之家”眺望广场的樱花，草坪和木制平台也成了孩子们的游乐场。

从草地广场方向看西侧、南侧的木制平台

2016 年 10 月 30 日上梁仪式的撒年糕场景

2016 年 12 月 10 日居民、KASEI 学生一起植草坪的场

内部结构（日常布局）

内部结构（活动或集会时的布局）

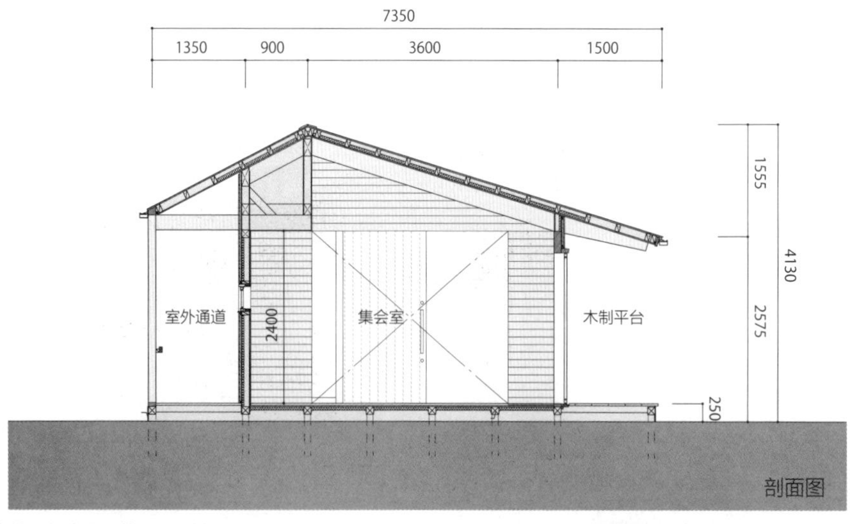

所在地：熊本县阿苏郡西原村

设计者：山室昌敬、松本义胜、梅原诚哉、佐竹刚、河野志保、本幸世

结构设计者：谷口规子

设备设计者：山田大介

承包商：绿色住宅

竣工日期：2016 年 12 月

主要用途：集会场所

建设主体：熊本县

总建筑面积：77.03 m²

建筑面积：56.92 m²

层数：地上 1 层

结构：木结构

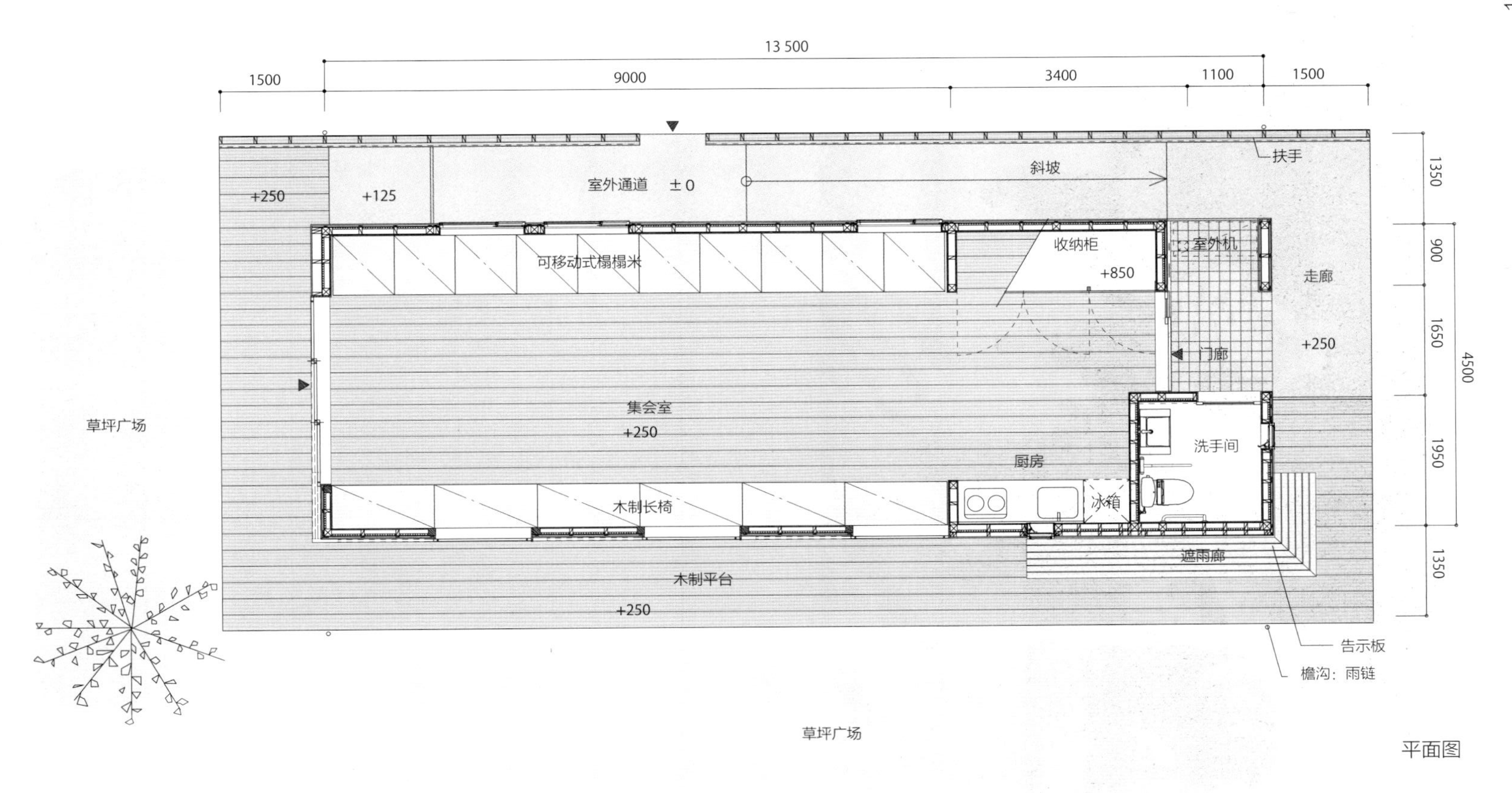
13 500
1500
9000
3400
1100
1500
+250
+125
室外通道 ±0
斜坡
扶手
可移动式榻榻米
收纳柜
+850
室外机
走廊
门廊
+250
草坪广场
集会室
+250
洗手间
厨房
木制长椅
冰箱
遮雨廊
木制平台
+250
1350
900
1650
1950
1350
4500
告示板
檐沟：雨链
草坪广场

平面图

❺ HOME-FOR-ALL IN KOMORI 4, NISHIHARA

西原村小森4号大众之家（集会场所）

设　计 甲斐健一、田中章友、丹伊田量、志垣孝行、木村秀逸
竣工日期 2016年12月
所 在 地 熊本县阿苏郡西原村

我们在考虑能否建造一个可以将大家聚集在一起的书屋，于是募集了不少别人不要的书籍，并与居民们一起思考了书屋的运作方式和布局。设计主要以下面三点作为基本方针：（1）大家可以共享使用：不同目的和立场的人们可以共享一个空间。（2）具有通用性的计划：这是一种将来可以用在其他地方的设计和思维方式，它将成为下一个标准型“大众之家”的案例数据。结构方面我们探讨了一种可以控制横截面尺寸的框架结构，并计划使用杉木这种即使发生灾害也可以确保流通的材料。（3）可再利用的材料、施工方法：在此处发挥其应急作用后，还可以移至其他应急场所或被永久地利用，因而制定了移建计划。建筑物的屋顶材料、内外墙壁材料、地板材料、天花板材料等全部使用干式施工方法将这些板材、面材等组合起来。基于以上几点，我们在研讨会上一边听取要求和意见一边进行设计。

“大众之家”的日常场景

左上图：东侧外观。门朝向东侧广场，早晨阳光能够照进室内

右上图：北侧内部结构。摆放着和居民一起布置的书架

左图：东侧内部结构。通过 X 形的框架结构，减少剖面材料用量，形成大跨距空间

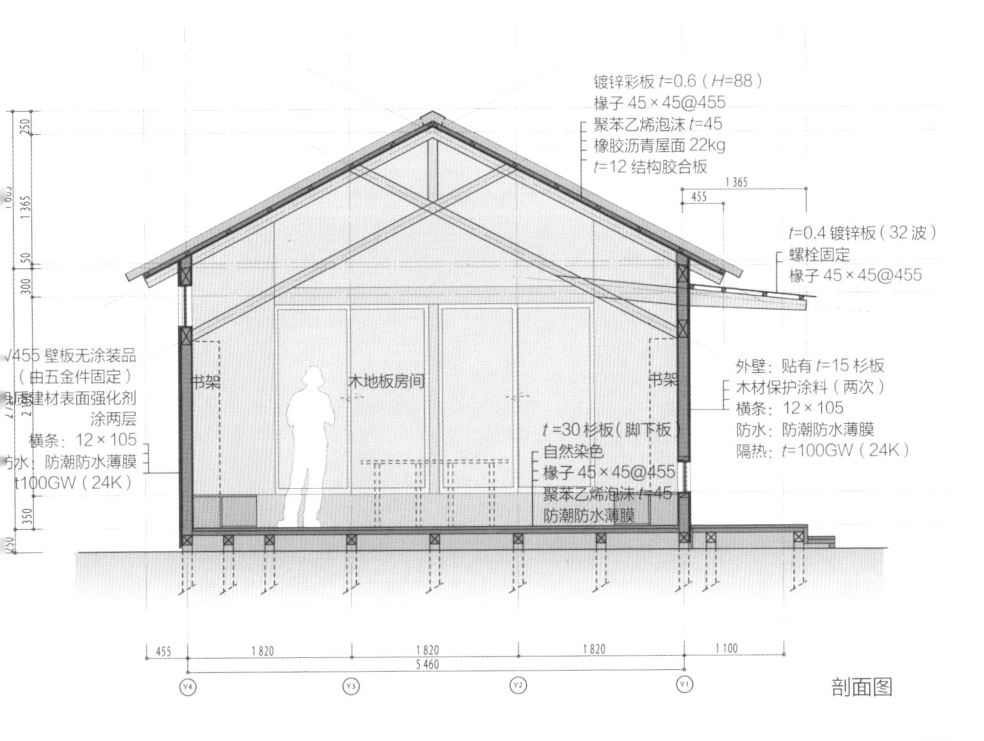

剖面图

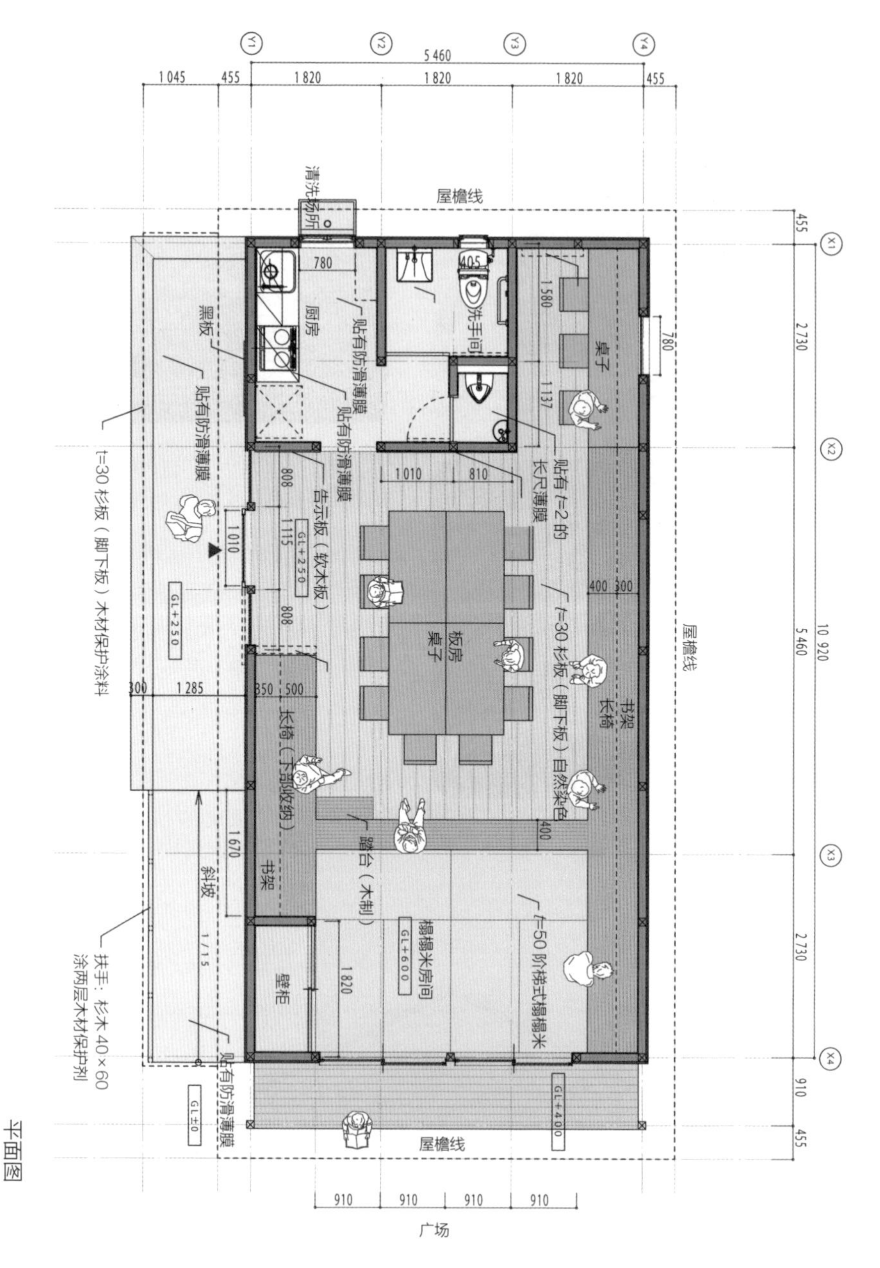

平面图

所在地：熊本县阿苏郡西原村

设计师：甲斐健一、田中章友、丹伊田量、志垣孝行、木村秀逸

承包商：丸山住宅

竣工日期：2016 年 12 月

主要用途：集会场所

建设主体：熊本县

总建筑面积：67.07 m^2

建筑面积：59.62 m^2

层数：地上 1 层

结构：木结构

❻ HOME-FOR-ALL IN KIYAMA, MASHIKI

益诚町木山的大众之家（集会场所 A）

设　计 内田文雄（龙环境计划）、西山英夫（西山英夫建筑环境研究所）

竣工日期 2016 年 12 月

所 在 地 熊本县上益城郡益城町

在木山临时住宅园区 (220 户) 内，正在建设两栋标准集会场所和 1 栋标准谈话室的“大众之家”。建造时当地人提出了一个特殊条件，那就是要与面积 40 m^2 的谈话室相邻。在意见交流会上，很多人认为 40 m^2 的面积太过狭窄，他们想要一个可以聚集到一起，共同使用的地方。居民们希望能够拥有像震灾前使用的公民馆大厅那样的空间。因此我们在建筑的两端设置了相应的功能区，中央部分被设计成了一个大房间。谈话室围绕着广场呈 L 形，面向广场侧设计有一个大开口，与外廊空间、广场连在一起。另外，在广场和道路之间有大家制作的花坛，广场成为孩子们可以安心游玩的地方。木结构均由直径 105 mm 的杉木材料组成，降低了整体成本。

与标准谈话室连为一体，形成广场

可用于多种活动的大空间

竣工仪式时来了很多人

参加各种活动的快乐的孩子们

草坪广场成为大家的乐园

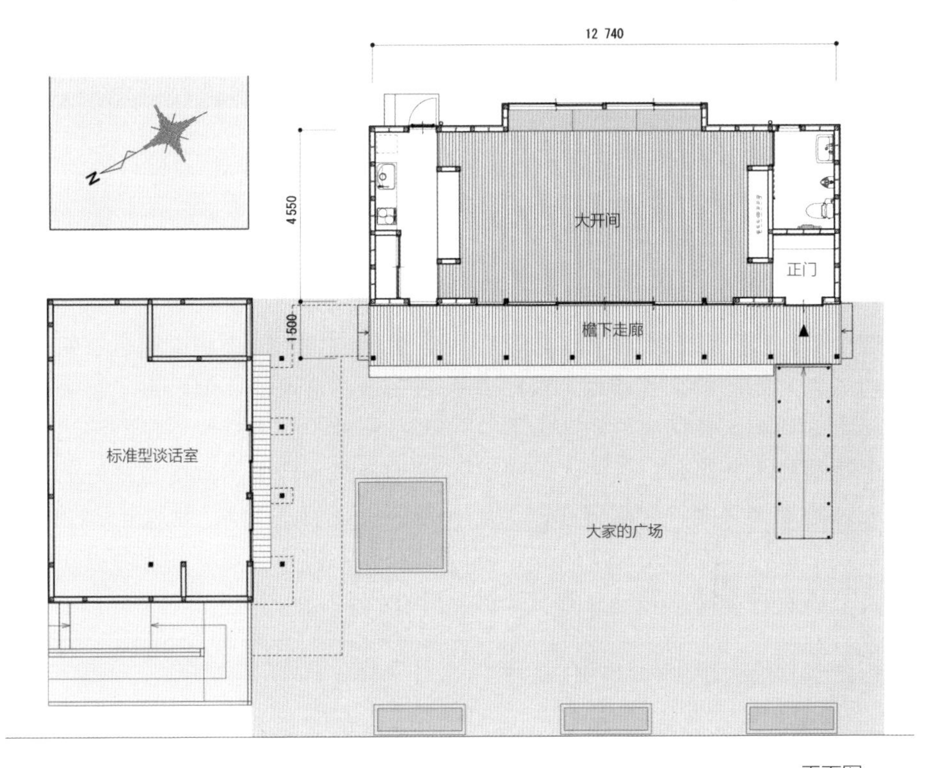

平面图

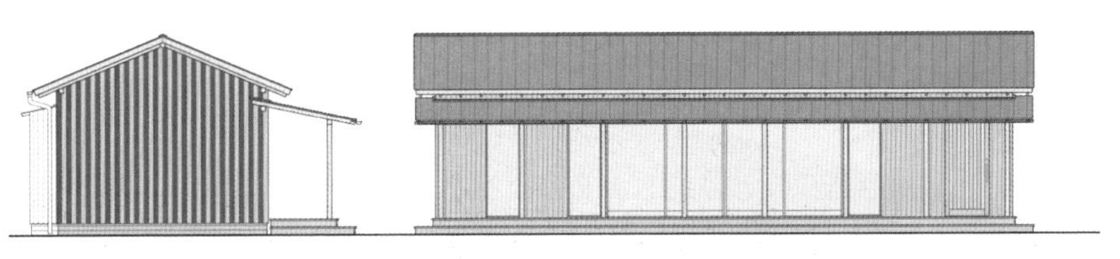

立面图

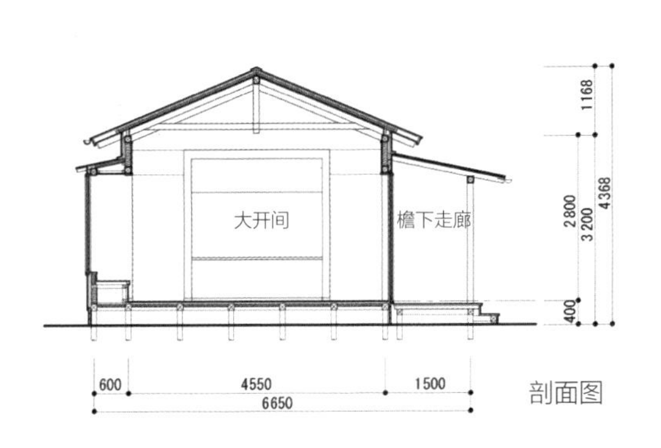

剖面图

所在地：熊本县上益城郡益城町

设计者：内田文雄（龙环境计划）、西山英夫（西山英夫建筑环境研究所）

结构设计者：山田宪明结构设计事务所

承包商：圆佛产业

竣工日期：2016 年 12 月

主要用途：集会场所

建设主体：熊本县

总建筑面积：77 m²

建筑面积：61 m²

层数：地上 1 层

结构：木结构

❼ HOME-FOR-ALL IN OIKESHIMADA, MASHIKI

益诚町小池岛田的大众之家（集会场所）

设　计　森繁（森繁建筑研究所）

竣工日期　2016 年 12 月

所 在 地　熊本县上益城郡益城町

在这个计划中，我们将“大众之家”视为失去家园的每个人的家。根据研讨会上的意见，我们在屋檐下设置了一个宽敞的木制平台，以便人们可以毫无顾忌地聚集在“大众客厅”，并可以轻松进入。内部是一个大厅，可用于开展各种活动。另外，考虑到每天生活的“家”也需要绿色庭院，于是在景色优美的西侧设置了一个大开口，并种了一些植物，在日常生活中哪怕带来一点点的改变也是好的。希望这些为“大众之家”遮风避日的树木，其在春天强有力地发芽能为居民们带来生气。

与 KASEI 的学生一起栽种的植物

黑色的墙壁上涂有具有调节湿度作用的碳涂层

熊本熊也参加了竣工仪式

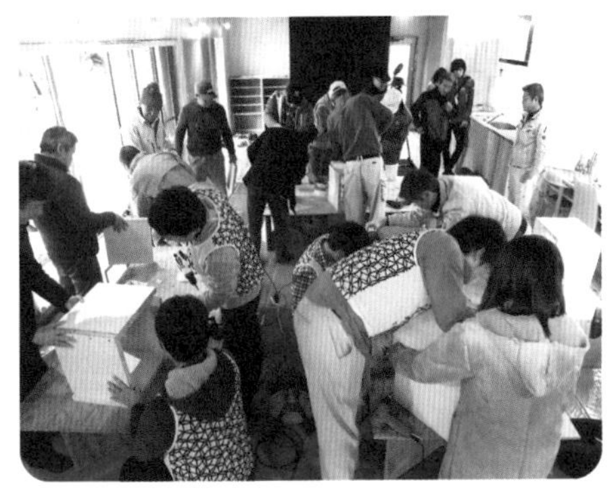

居民与 KASEI 的学生一起制作家具

在“大众之家”一起交流的场景

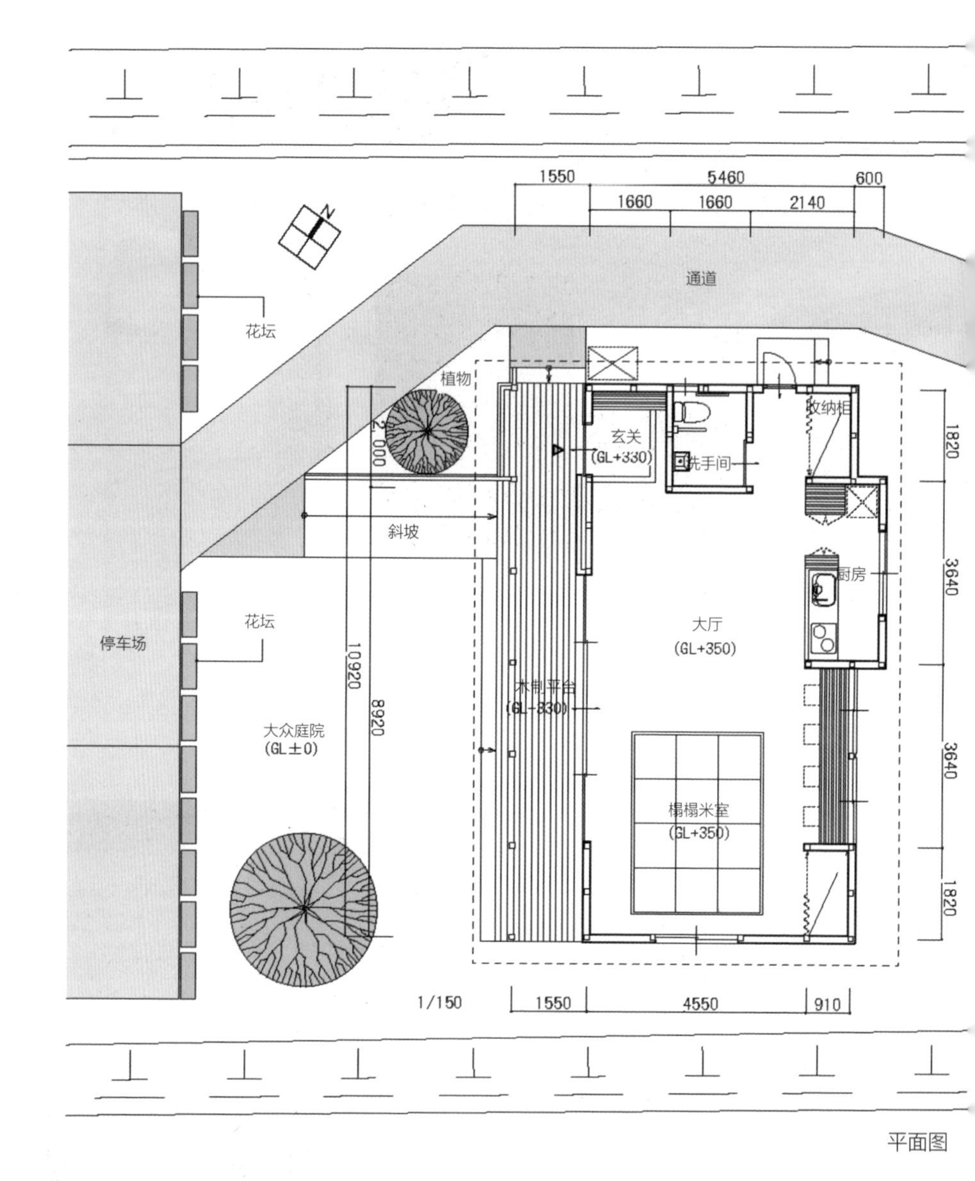

平面图

所在地： 熊本县上益城郡益城町
设计者： 森繁（森繁建筑研究所）
承包商： 五濑建筑工作室
完成日期： 2016 年 12 月
主要用途： 集会场所
建设主体： 熊本县
总建筑面积： 78.72 m²
建筑面积： 61.8 m²
层数： 地上 1 层
结构： 木结构

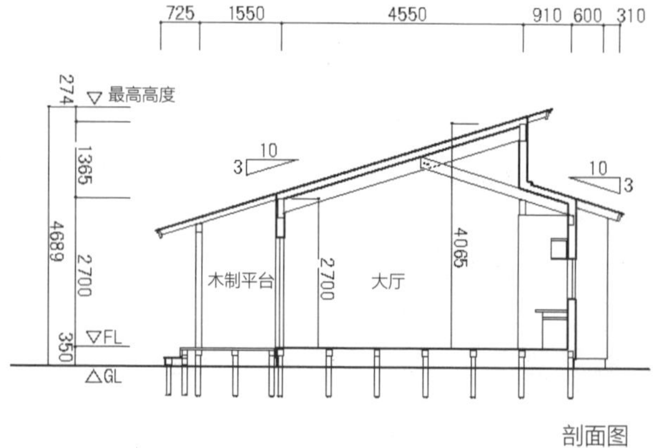

剖面图

❽ HOME-FOR-ALL IN TECHNO, MASHIKI

益诚町技术大众之家（集会场所 B2）

设　　计　冈野道子（冈野道子建筑设计事务所）

竣工日期　2016 年 12 月

所 在 地　熊本县上益城郡益城町

在熊本县拥有 516 户的最大规模益诚町技术临时住宅园区，建成了真正的“大众之家”。它位于园区中央，还是守护园区常驻工作人员的基地。我们建造了一个带有大樱花树的平台，其连接着一条步行街，以便相互不熟悉的居民也可以轻松进入。隔着平台把集会空间和地域支援中心设置成面对面形式，可以使内部活动渗透到外部从而引发人与人的交流。最后的装修和设置是在对居民进行问卷调查的基础上确定的，家具和花坛等也是和当地的学生一起设计、制作的。完成后，又和 KASE1 的学生们一起在“大众之家”的前面为孩子们建造了带有小草坪的假山和沙场等，很受居民们的欢迎。

外观。半年之后，种植了一些植物

上梁仪式中向人们撒年糕，聚集了很多居民

与 KASEI 的学生们一起设计家具，在现场组装家具的场景

种植捐赠的樱花树

在与 KASEI 的学生们一起制作的花坛里种植了盛开的芝樱

在岩沼为“大众之家”居民们送来的仙台大米

竣工后内部结构

图片中左侧是安东阳子女士制作的坐垫

所在地： 熊本县上益城郡益城町
设计师： 冈野道子（冈野道子建筑设计事务所）
结构设计师： 橡木结构设计
承包商： 埃弗菲尔德
竣工日期： 2016 年 12 月
主要用途： 集会场所
建设主体： 熊本县
总建筑面积： 132 m^2
建筑面积： 95 m^2
层数： 地上 1 层
结构： 木结构

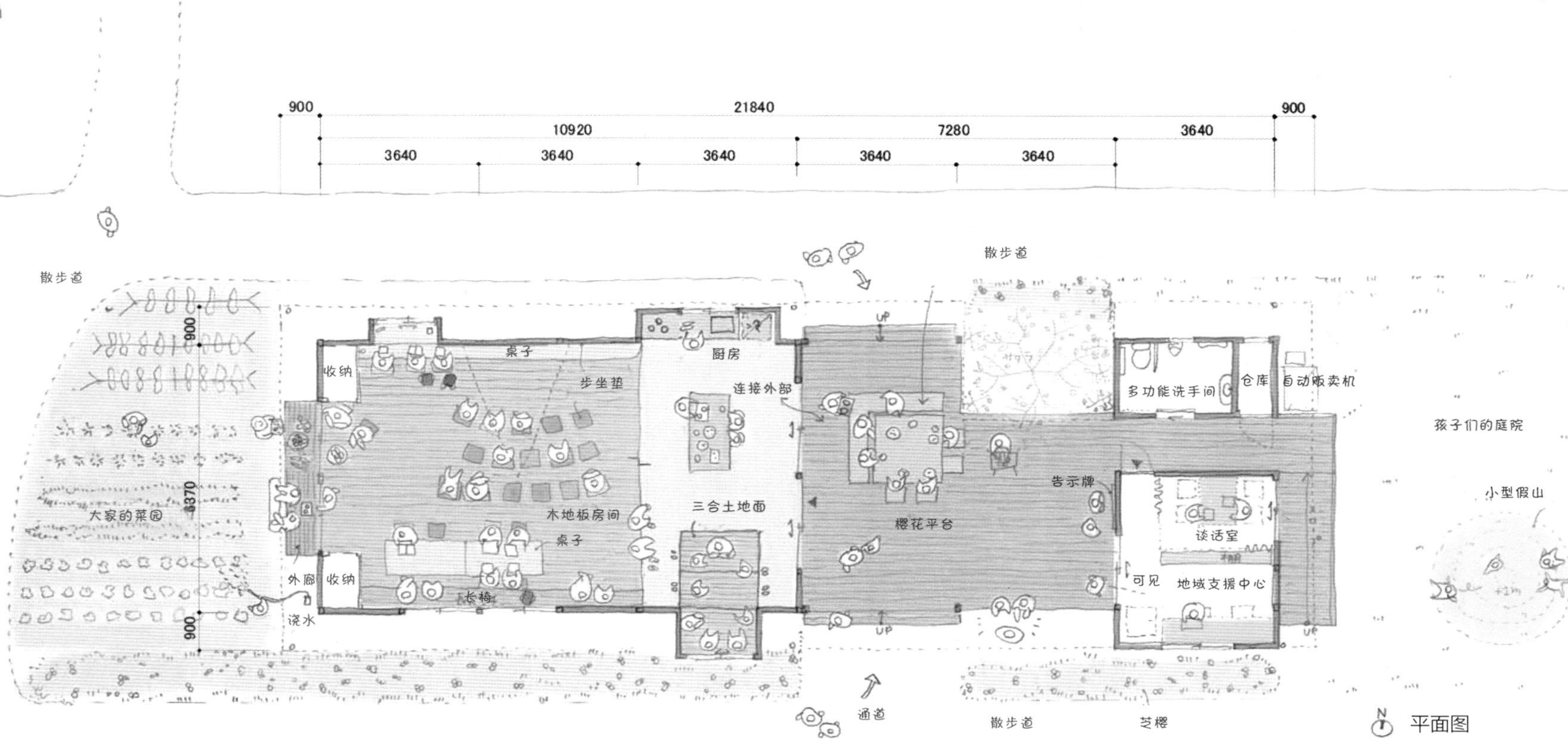
900
21840
900
10920
7280
3640
3640
3640
3640
3640
3640
散步道
散步道
900
6370
900
大家的菜园
浇水
外廊
收纳
收纳
桌子
步坐垫
木地板房间
桌子
长椅
厨房
连接外部
三合土地面
樱花平台
UP
UP
告示牌
多功能洗手间
仓库
自动贩卖机
谈话室
可见
地域支援中心
孩子们的庭院
小型假山
通道
散步道
芝樱

平面图

❾ HOME-FOR-ALL IN KUSUNOKIDAIRA, MISATO

美里町楠木平的大众之家

设　计　前田茂树、木村公翼（草图、设计）、东野健太（大阪工业大学研究生院前田茂树研究室）

竣工日期　2017 年 9 月

所 在 地　熊本县下益城郡美里町

这是一座建造在木制临时住宅园区的“大众之家”。当我第一次访问该场地时，居民们正在住宅檐廊交谈，这在以前的临时住宅园区是没有的。只有每个居民都认为“大众之家”是属于自己的地方，才会每天使用吧。所以我们收缩了餐厅、厨房和厕所的空间，在西、南、北三面设置了檐廊。北面是景致出众的纵深约 70 cm 的檐廊。西面是面向临时住宅园区的纵深约 120 cm 的长廊。东面是樱花树，南面是广场，东南面是一条与内部相连并放置有桌子的檐廊。单坡屋顶在冬天给檐廊带来温暖的阳光，夏天则起到遮挡阳光的作用。该地段与住宅区的最深层次也有关联，白天是开放的，檐廊、餐厅、厨房都可日常使用。在“大众之家”的建设中，学生不仅参与制作家具和给木制平台涂漆，还与当地的木工以及居民一起举办了章鱼烧派对等。我很高兴大家能够共同建造属于自己的地方。

楠木平临时住宅园区全景

上梁仪式的场景

研讨会后举办的章鱼烧派对

西面纵深 120 cm 的檐廊

与室内连接的空间，檐廊内摆放着桌子

南侧檐廊下摆放着学生们制作的家具

室内放置着学生们制作的沙发、桌子、椅子

散步时谁都可以使用的檐廊（图片提供者：东野健太）

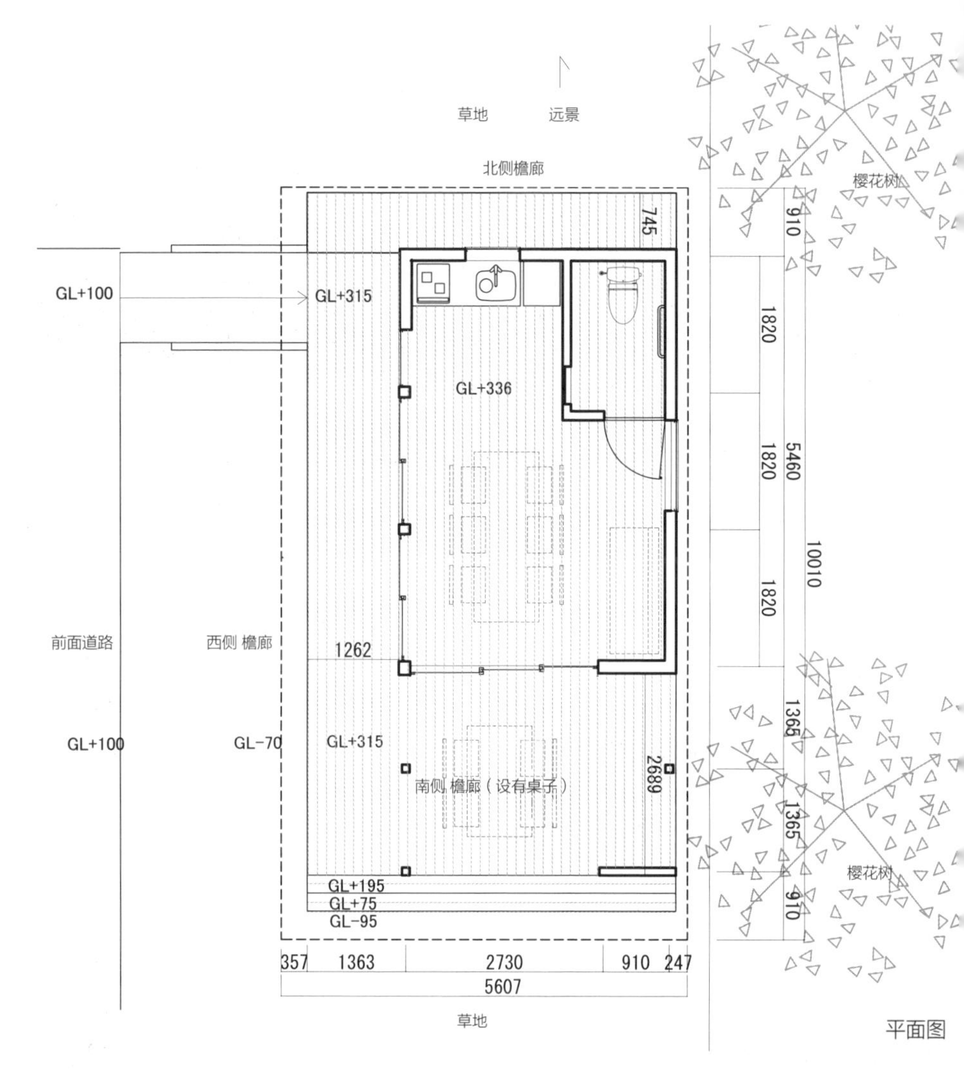

平面图

所在地：熊本县下益城郡美里町
设计者：前田茂树、木村公翼（草图、设计）、东野健太（大阪工业大学研究生院前田茂树研究室）
结构设计者：满田卫资结构计划研究所
承包商：五濑建筑工作室
竣工日期：2017 年 9 月
主要用途：集会场所
建设主体：熊本县建筑住宅中心、日本财团
总建筑面积：56.12 m^2
建筑面积：19.87 m^2
层数：地上 1 层
结构：木结构

室内地面与檐廊平坦连接

⑩ HOME-FOR-ALL IN TAMAMUSHI, MIFUNE

御船町玉虫的大众之家

设　计　宫本佳明建筑设计事务所、大阪市立大学宫本佳明研究室、同横山俊祐研究室

竣工日期　2017 年 8 月

所 在 地　熊本县上益城郡御船町

这个“大众之家”建造在町营玉虫园区旁边的公园内。根据居民的提议，将可以远望熊本市街区的公园一端作为建筑用地。我们预设玉虫园区的人们在将来也会持续使用，因此将该“大众之家”设计成永久性建筑。拥有大屋檐和环绕四周的走廊，即使房间上锁，也可以放心地顺路过去，并坐下来谈话，这也是该“大众之家”的最大特点。最低限度包裹室内空间的外壁是深蓝色的。该“大众之家”不但使用了“大众之家”的共通设计人字形屋顶，还通过增加斜度让屋檐尽量低，并使用一根支柱支撑大屋檐，屋顶就像一把友好之伞轻轻地挂在临时住宅上。

用一根支柱支撑，倾斜角度改为 35° 的人字形屋顶

从正面观看。主屋三间，大屋檐空间与主屋相当。即使房间上锁也可以顺路坐下休息

可以让人随意坐下的檐廊围绕在四周

面向临时住宅园区的人字形屋顶的“大众之家”

屋顶下的宽大檐廊

在室内透过门廊可以看到临时住宅园区

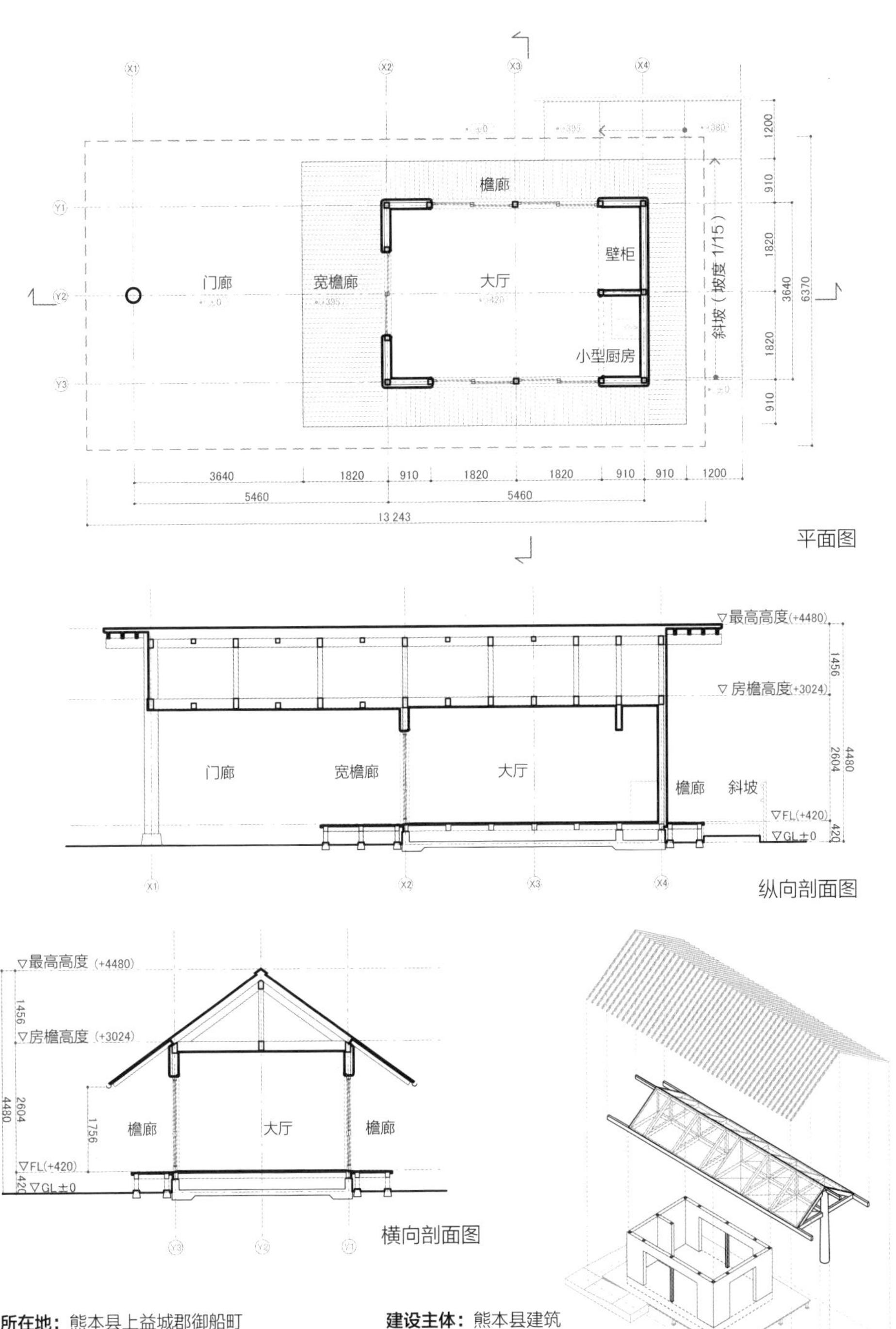

平面图

纵向剖面图

横向剖面图

结构分解图

所在地： 熊本县上益城郡御船町

设计者： 宫本佳明建筑设计事务所、大阪市立大学宫本佳明研究室、同横山俊祐研究室

结构设计者： 满田卫资结构计划研究所

承包商： 维达之家

竣工日期： 2017 年 8 月

主要用途： 集会场所

建设主体： 熊本县建筑住宅中心、日本财团

占地面积： 361.3 m^2

总建筑面积： 49.09 m^2

建筑面积： 39.75 m^2

层数： 地上 1 层

结构： 木结构

⑪ HOME-FOR-ALL IN AMAGI, MIFUNE

御船町甘木的大众之家

设　计　宫本佳明建筑设计事务所、大阪市立大学宫本佳明研究室、同横山俊祐研究室

竣工日期　2017 年 8 月

所 在 地　熊本县上益城郡御船町

这是一个建造在私有用地上常设在临时住宅园区内的“大众之家”。与玉虫的“大众之家”相同的是在大大的屋檐下四周围有宽阔的檐廊，即使房间上锁，居民也可以随意坐在廊下聊天。外墙使用与玉虫“大众之家”形成鲜明对比的朱红色土佐灰浆，并对其进行了抛光处理。利用原有地基，按照门廊的宽度用一些旧瓦，建成了一个楼梯。楼梯与寺庙正殿隔着一条道路，并位于正殿的轴线上，门廊像山门一样立在参道（日本神社中用于行人参拜观光的道路）上。寺庙、消防站与有着雨伞屋顶的“大众之家”，形成了临时住宅园区的市民活动中心。

面向临时住宅园区，形似撑开雨伞的人字形屋顶

在寺庙参道透过“大众之家”的门廊可以看到临时住宅园区。左手边是消防站的望塔

烧烤派对上聚集在门廊的居民们

烧烤派对中伞形屋顶在夜景中的样子

没有想到可以这样使用

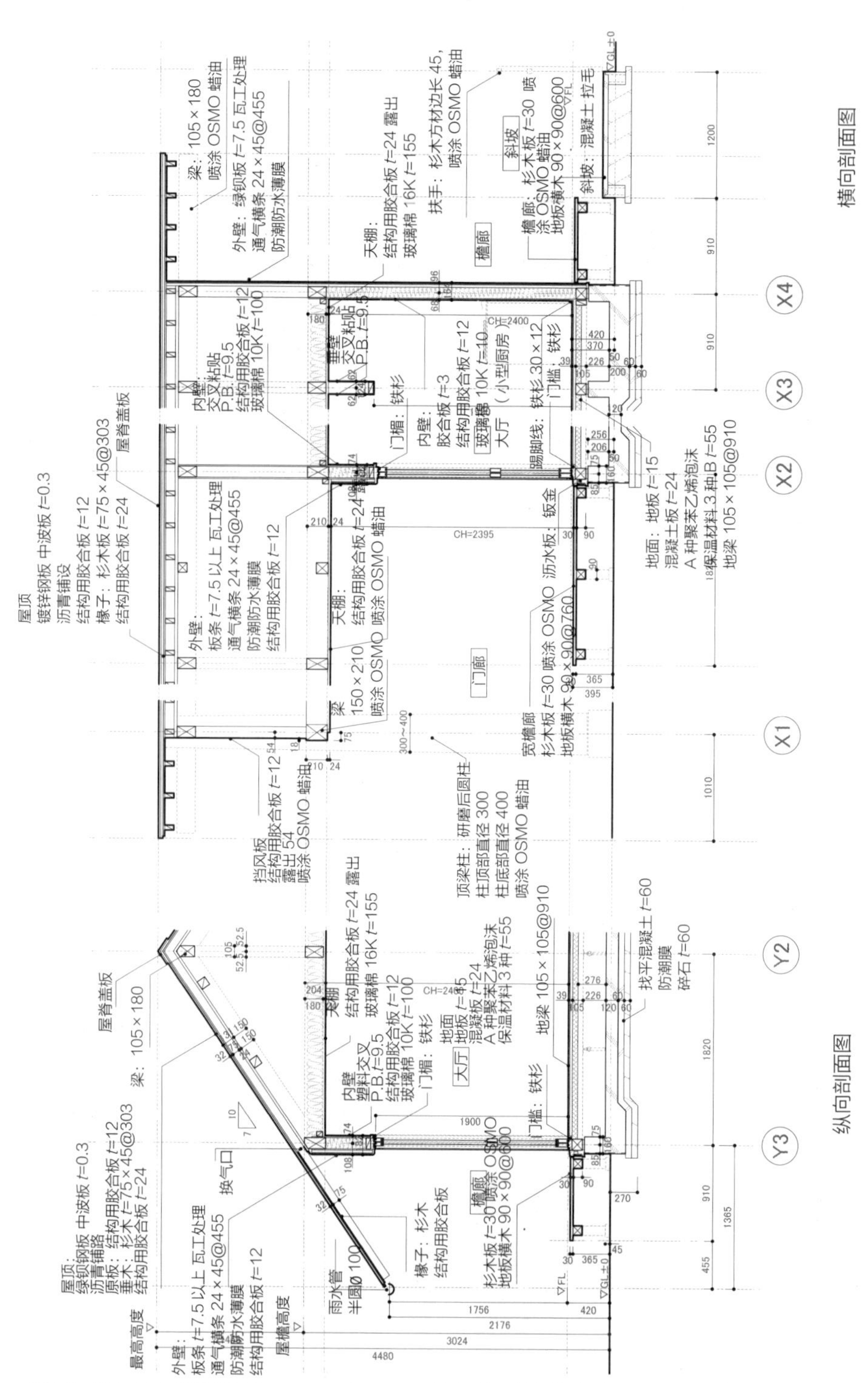

所在地：熊本县上益城郡御船町

设计师：宫本佳明建筑设计事务所、大阪市立大学宫本佳明研究室、同横山俊佑研究室

结构设计师：满田卫资结构计划研究所

承包商：维达之家

竣工日期：2017 年 8 月

主要用途：集会场所

建设主体：熊本县建筑住宅中心、日本财团

占地面积：228.93 m^2

总建筑面积：49.09 m^2

建筑面积：39.75 m^2

层数：地上 1 层

结构：木结构

⑫ HOME-FOR-ALL IN GORYO, UKI

宇城市御领的大众之家

设　计　鹰野敦（鹿儿岛大学）、根本修平（福山市立大学）

竣工日期　2017 年 9 月

所 在 地　熊本县宇城市

住宅地一端为以老年人为中心（10 户）的御领临时住宅园区。临时住宅在东西两侧平行排列，中间是停车场。因此，我们将“大众之家”建在了停车场的东侧，与临时住宅之间形成了一个凹字形广场。在“大众之家”中心有一根顶梁柱，整体为具有向心性的正方形平面结构。遮雨廊围绕在四周，无论从哪一个方向都可以到达“大众之家”。四面使用了玻璃隔扇，从周围可以看见内部的活动。室内的欢声笑语回响在“大众之家”，并传至整个园区。我们希望这里能够成为一个通过灯光、声音吸引大家聚集在一起的“大众之家”。

在两排临时住宅中间，建造了方形屋顶的“大众之家”

正方形“大众之家”四周环绕着檐廊

顶梁柱位于大厅的中心

茶话会场景，这里是临时住宅周边居民聚集在一起交流的场所（图片提供者：针金洋介）

KASEI 项目的一环，鹿儿岛大学、福山市立大学、第一工业大学的学生在铺设檐廊地板

所在地：熊本县宇城市
设计者：鹰野敦（鹿儿岛大学）、根本修平（福山市立大学）
结构设计者：横须贺洋平（鹿儿岛大学）
承包商：黑田建筑
竣工日期：2017 年 9 月
主要用途：集会场所
建设主体：熊本县建筑住宅中心、日本财团

占地面积：324.72 m^2
总建筑面积：34.57 m^2
建筑面积：29.81 m^2
层数：地上 1 层
结构：木结构

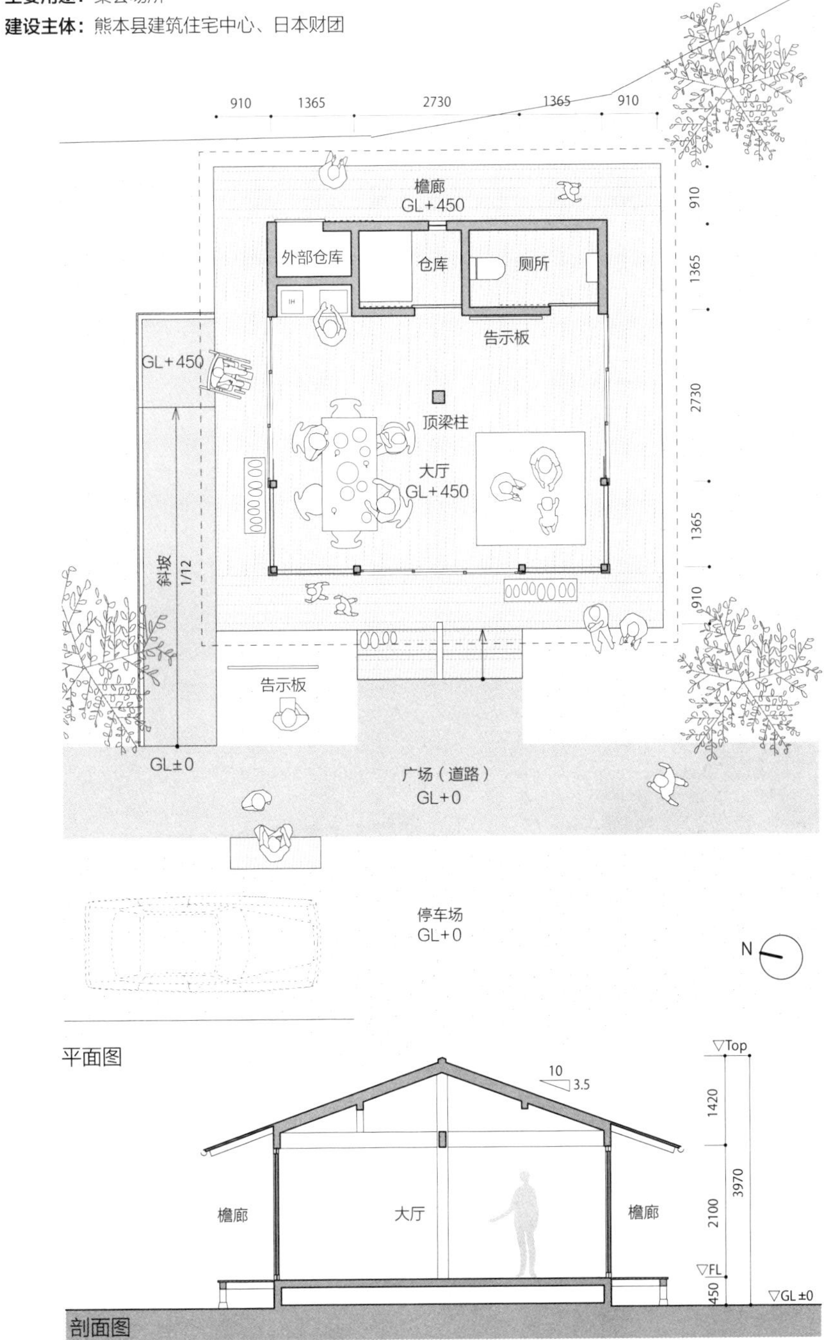

⑬ HOME-FOR-ALL IN MAGANOHASEGAWA, UKI

宇城市曲野长谷川的大众之家

设　计　鹰野敦（鹿儿岛大学）、根本修平（福山市立大学）

竣工日期　2017 年 9 月

所 在 地　熊本县宇城市

曲野临时住宅园区位于与市营住宅园区相邻的高地，园区内有 13 户从各地聚集而来的居民。该“大众之家”没有建造在临时住宅园区，而是位于两个住宅区之间的三角形公园内，希望两个住宅区能够扩大社交圈子并在这里重叠。在三角形的平面上画一个正方形时，三角形的每个顶角方向都留有一个三角形。建设该“大众之家”时，充分考虑空间的合理分配，设置了泵房、广场和停车场。因为希望两个住宅区的居民都聚集在一起，所以在中心设置了一根顶梁柱，形成了具有向心性的平面结构。为了充分利用南侧的广场，“大众之家”的南面设置了与建筑物相同长度的宽檐廊。希望这里可以成为像公园一样便于使用的“大众之家”。

建造在两个住宅园区中间，呈方形的“大众之家”

与宇城市御领的“大众之家”相同，设置了以顶梁柱为中心的大厅

可悬挂、可架设不同物件，具有不同用途的木结构

建筑物南侧的宽檐廊

广场、宽檐廊和“大众之家”内部连通

所在地：熊本县宇城市
设计者：鹰野敦（鹿儿岛大学）、根本修平（福山市立大学）
结构设计者：横须贺洋平（鹿儿岛大学）
承包商：黑田建筑
竣工日期：2017 年 9 月
主要用途：集会场所

建设主体：熊本县建筑住宅中心、日本财团
占地面积：373.77 m²
总建筑面积：81.68 m²
建筑面积：66.25 m²
层数：地上 1 层
结构：木结构

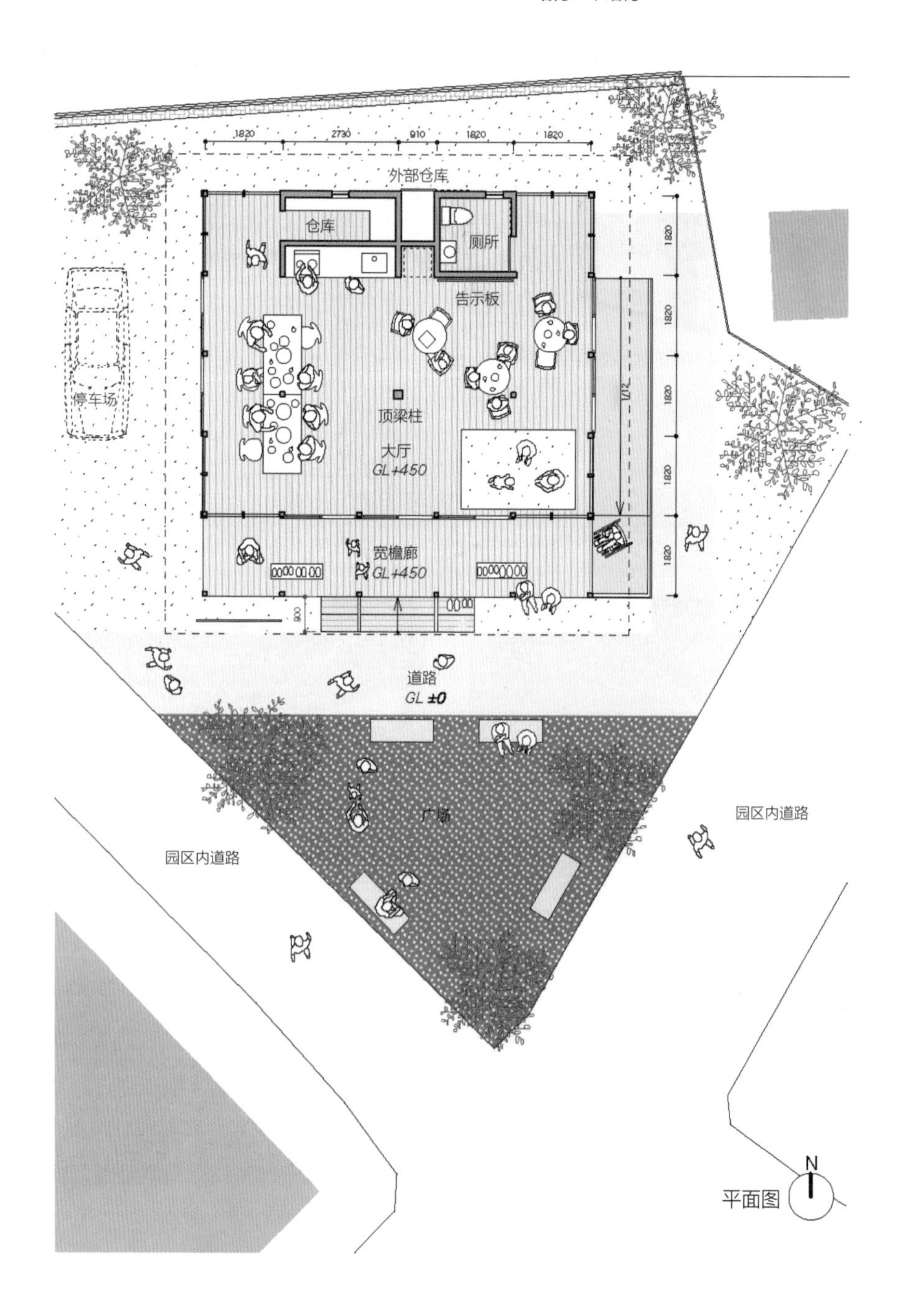

平面图

⑭ HOME-FOR-ALL IN SANSAN 2 CHOME, KUMAMOTO

熊本市璀璨2丁目的大众之家

设　计　矢作昌生（九州产业大学）、井手健一郎（节奏设计）

竣工日期　2017 年 7 月

所 在 地　熊本县熊本市

由于璀璨 2 丁目临时住宅园区是一个小规模住宅区，直到建造推送型“大众之家”，这里一直没有居民可以随意聚集的场所。在听取意见时，大家提出了很多使用要求，例如与访客谈话的空间、孩子写作业的空间、老人休息的场所等，最终决定在公园中建造一个主题为“共同的起居室”的建筑。

由于直到拆除临时住宅，只能使用 1 年左右，因此各项工程大家都尽可能地提前完成。作为第 1 号推送型“大众之家”，在举办竣工仪式时，连几乎不出门的老人和孩子们都来参加了，可以预见这里会是大家喜爱的地方。

竣工仪式上，附近居民与熊本熊一起拍照留念

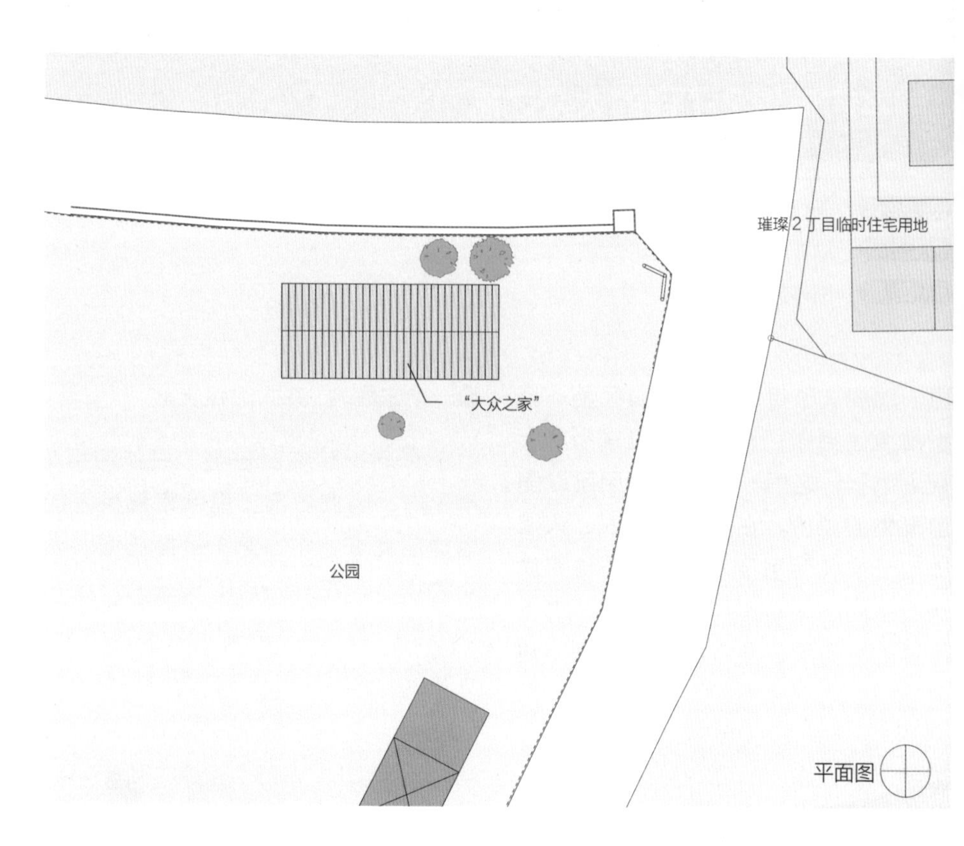

听取居民意见的场景

在可以看到临时住宅园区里侧和连接前面广场的地方修建

面向广场的檐廊

在竣工的房间内，讨论今后想要进行的事情

所在地：熊本县熊本市
设计者：矢作昌生（九州产业大学）、井手健一郎（节奏设计）
结构设计者：黑岩结构设计事务所
承包商：埃弗菲尔德
竣工日期：2017 年 7 月
主要用途：集会场所

建设主体：熊本县建筑住宅中心、日本财团
占地面积：2316.97 m²
总建筑面积：37.44 m²
建筑面积：29.81 m²
层数：地上 1 层
结构：木结构

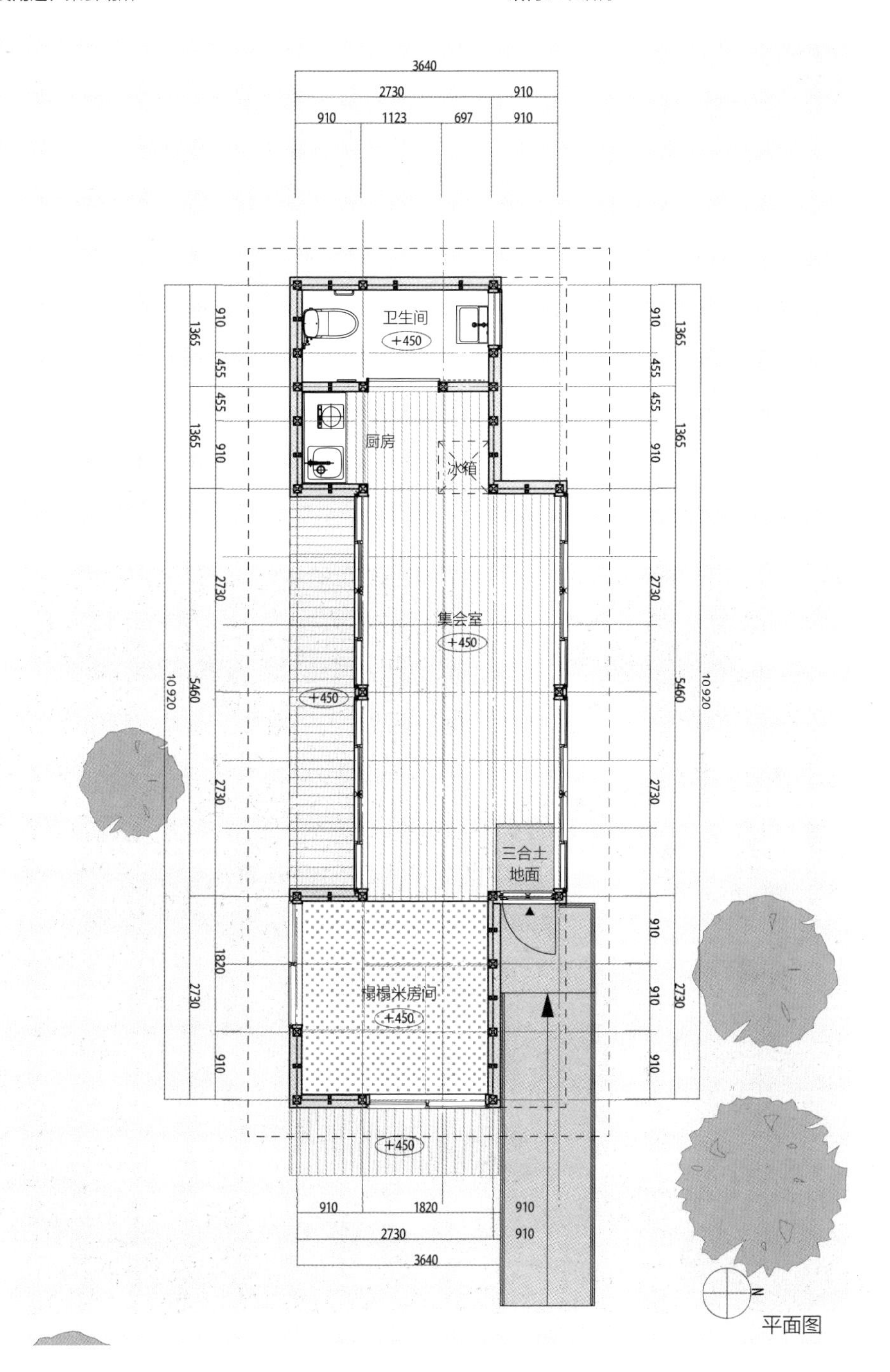

平面图

⑮ HOME-FOR-ALL IN UCHINOMAKI, ASO

阿苏市内牧的大众之家

设　计　矢作昌生（九州产业大学）、井手健一郎（节奏设计）
竣工日期　2017 年 9 月
所 在 地　熊本县阿苏市

内牧的“大众之家”作为推送型“大众之家”而开发。在仔细勘查并听取了当地居民的意见后，决定即使拆除临时住宅园区，该“大众之家”仍作为阿苏市管理的建筑物使用。两岸种植着樱花的护城河与住宅区相邻，所以将该“大众之家”设置在河的一侧，伸向河面的木制平台是该建筑的亮点。

此外，在参考建筑模型的基础上，听取了大家的意见，例如正方形可以让人觉得更加宽阔，想要可以穿鞋进入随意休息的区域，想要榻榻米空间，等等，因此订立了一个综合性计划。

希望这里成为一个例如春天可以赏花等，能被大家有效利用的集会场所。

在护城河一侧建造。以伸出的木制平台和开口部位为特点

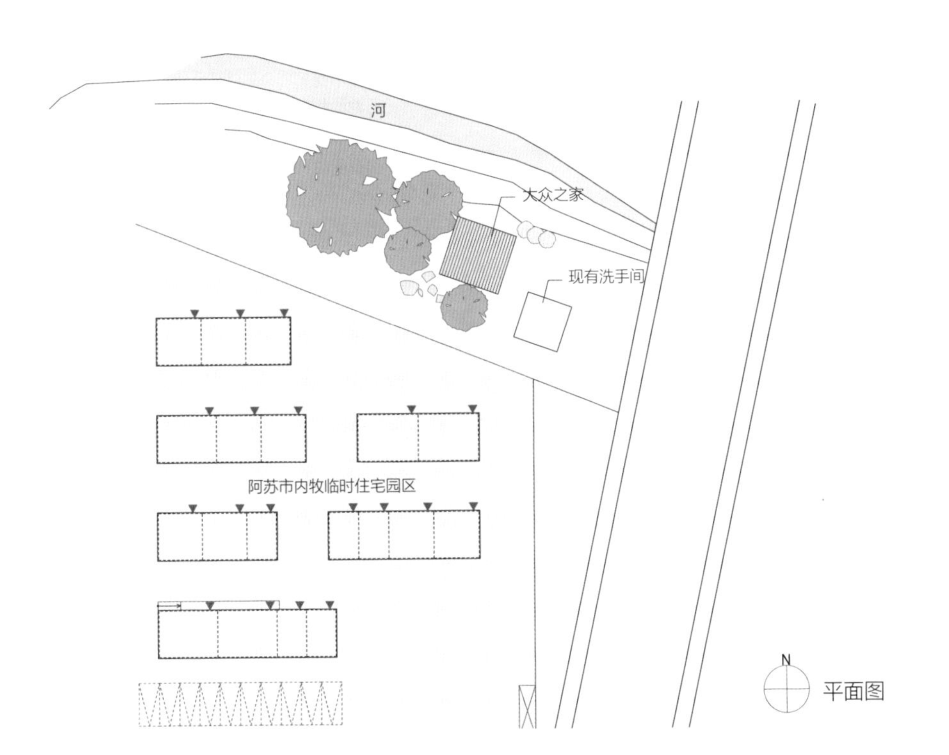

在听取居民意见后，确定了计划

揭幕仪式上设计者问候居民的场景

可穿鞋坐下的地面

可坐在上面欣赏河边景色的木制平台

所在地：熊本县阿苏市
设计者：矢作昌生（九州产业大学）、井手健一郎（节奏设计）
结构设计者：黑岩结构设计事务所
承包商：埃弗菲尔德
竣工日期：2017 年 9 月
主要用途：集会场所

建设主体：熊本县建筑住宅中心、日本财团
占地面积：403.06 m^2
总建筑面积：39.6 m^2
建筑面积：38.33 m^2
层数：地上 1 层
结构：木结构

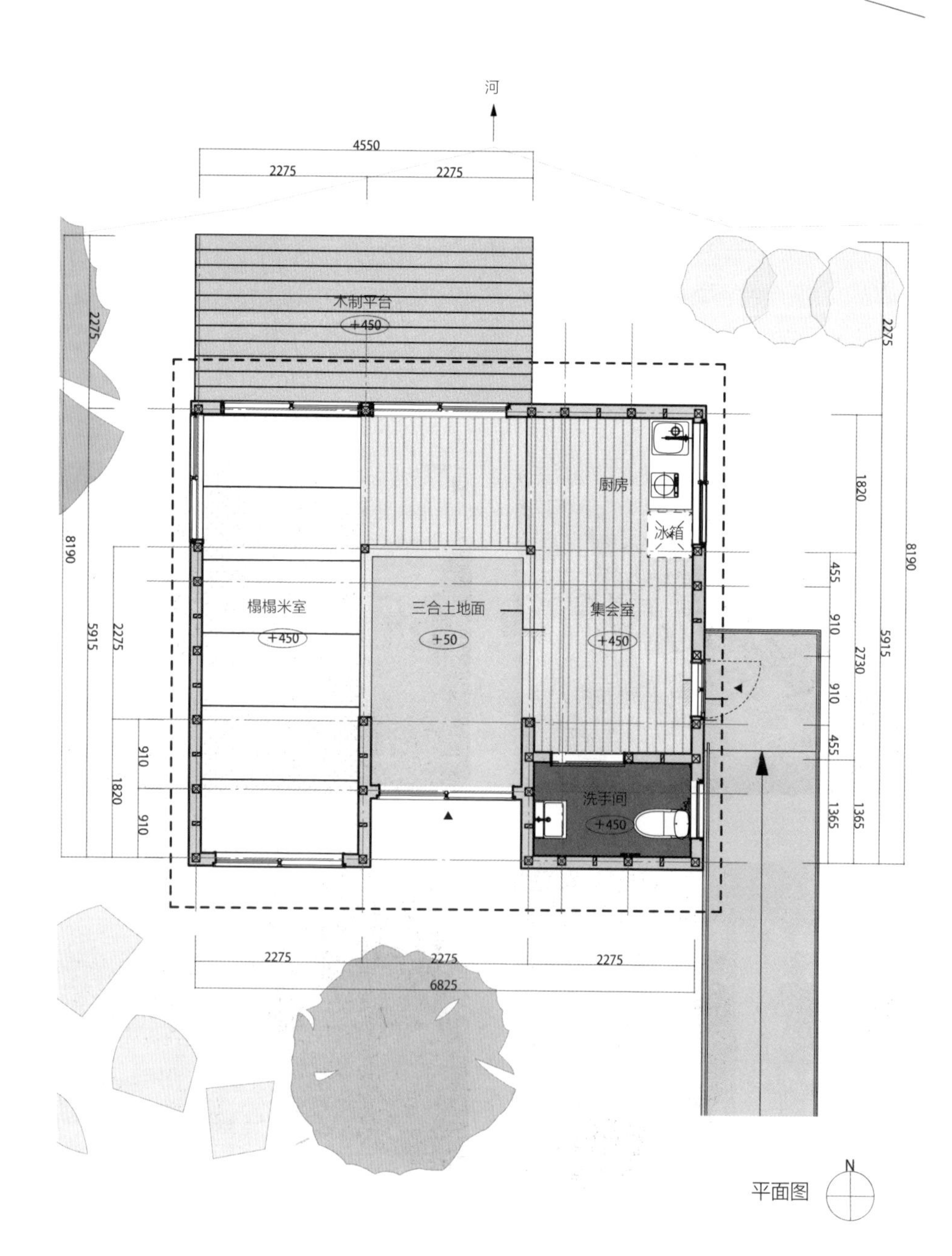

平面图

小家庭时代之后，是新生活的开始

曾我部昌史

MIKAN 建筑事务所创立人之一、神奈川大学教授

我认为参与“大众之家”项目对我后来的建筑设计有很大的影响。当然最初我并没有意识到这一点，只是觉得仙台宫城野区这个项目并没有结束，而且建设“大众之家”已经成了与当地居民新生活紧密相连的契机。我觉得这在挖掘未来社会所需要的建筑师和建筑所处地位的意义上，具有非常重要的作用。

2011 年发生了东日本大地震，当我第一次听到“宫城野区大众之家”这一话题时，我在供职的大学实验室内主要负责家具设计。在该地区居民或多或少的帮助下，制作了桌子、长椅以及厨房的操作台等。看起来好像与当地人谈论了很多，实际上在设计的最初阶段能够听取意见的机会只有一两次。

宫城野区的“大众之家”中使用的镜片球

德岛县美波町的赤松防灾点（2017）。不仅设计了整体建筑，还利用附近被砍伐的樱花树和杉树古木制作了家具，并蒸煮樱花树皮制成染料，染印了窗帘

2016 年在熊本时，我们负责设计了一个与临时住宅园区一起完成的标准型集会场所。为了加快进度，在设计阶段，并没有和该地区居民进行交流。地震是在 4 月 14 日发生的，5 月连休时已经完成了图纸。因为在东北已经建造了许多“大众之家”，所以我们优先考虑的是充分利用宫城野区的经验，加快速度。

有时在临时住宅和集会场所的设计上所花费的时间很短，预算也比较紧张，也没能和居民进行充分交流。从很多方面上来讲，“大众之家”都是用最低限度的资源，产生最大限度的效果。其中一个要求就是给人舒适的感觉，比如在整体比例和大小方面。除此之外，还有一点非常重要，那就是在开始生活后自己可以添加和定制用品。生活状况在这里会不断变化，每天都有很多无法预测的事情发生，所以，建筑材料使用了木材。

在这里开始生活后，与居民的对话和交流变得更加密切了。这在其他项目中是不可能的。宫城野区的临时住宅是以住在靠近大海的农民为中心，无论是因为东北特有的状况还是因为农民自身，人们都是充满热情、非常好客的。在宫城野区的“大众之家”竣工后，举办了盛大的宴会，我们是为了支援大家而去的，不知为何却总是受到鼓励和帮助。从大家日常吃的普通食物到山珍海味，非常丰富。这与我们在大都

当时制作家具的场景

市里吃的东西完全不同，正是通过这样一种方式，我们与当地人的对话才越来越深入。

有时，一些老奶奶把卡拉 OK 机也拿到“大众之家”，据说是为了增进居民之间的友谊，于是我说“这样的话，还需要镜片球呢”。项目完成后大约第二年，就让我去安装镜片球了(笑)。据说这是用熊本高中生街头募捐的钱作为活动经费购买的。这也是一种定制吧。

即使现在也有这样的交流，从来都不会让人有失望的感觉。宫城野区的“大众之家”至今都是临时的，但因为已经作为正式建筑移建到新的地方，我想今后也会作为大家集会的地方被长久使用。我们所制作的家具也是可以轻松拆装，并能反复使用的。

住在临时住宅的人们，有的是来自不同地方，有的是来自相同地方，大家都能通过“大众之家”和集会场所形成新的关系。在熊本阿苏发生水灾时，一直各自生活的人们也住进了临时住宅，并与大家一起分享了在“大众之家”的共处时间，就像形成了一个新的家庭。听到了大家“我想和在这里认识的朋友一起度过余生，而不是回到山里独自生活在大房子里”这样的心声。政府也积极行动，改变了其定位，将临时住宅的地基加固，建造成了可以长久居住的正式住宅。现在，人们也一直生活在那里。

无论是否意识到，我们已经感受到了小家庭时代的局限性，感觉到在受灾地已经诞生了下一个时代的新家庭形式或进行了新生活方式的尝试。

在人口减少和老龄化等社会急速变化的状况下，人们所追求的建筑和生活在某些情况下，可能与我们所认为的理所当然的方式不同。如果是这样的话，我们将视线转向此处，是否能够与新型建筑联系在一起呢？这是我在 MIKAN 建筑事务所刚刚成立的时候想到的。实现新型建筑不能只由建筑师自身来表达，而要从客户的角度、从与人的对话中获得我们自己所没有注意到的新的可能性。发生灾害后，进一步加深了我的这种认识。当然，我们必须消除自己所认为的常识以及社会中的常识和习俗，在实践过程中，会存在很多困难。

现在，研究室正在进行德岛县美波町地区的重建。已经完成了其中的一个防灾点。在那里，我们会有意识地压制我们对那里的先入为主的观念，以重视当地人兴趣和愿望的方式来建造。虽然有可能会失败，但即便失败，与当地人一起建造的原则是不会改变的。同时，站在从外地来的设计人员的立场，我们可以从广泛的角度，超出常识和习俗的范围，充分利用该地区的资源。

曾我部昌史

1962 年出生于福冈县。东京工业大学研究生院毕业后，在伊东丰雄建筑设计事务所工作，后又成为东京工业大学助教，并于 1995 年参与建立了 MIKAN 建筑事务所。2001 年成为东京艺术大学教授助理，2006 年成为神奈川大学教授。主要作品有八代托儿所、京急高架下文化艺术工作室、March cure 神田万世桥、美波町赤松防灾据点等。自 2005 年起，他与桂英昭和末广香织一起担任熊本艺术策略顾问。

通过建造大众之家，我的设计变得更加自由了

冈野道子
冈野道子建筑设计事务所创建人，芝浦工业大学建筑系特任副教授

发生东日本大地震的时候，我还是伊东丰雄建筑设计事务所的职员。正值仙台媒体中心建成 10 周年，在举行纪念活动之前发生了大地震。伊东先生和志愿者工作人员们说，如果受灾地区也有人们可以轻松聚集的地方就好了，可以将人们和自然紧密联系在一起。伊东先生将最初准备叫作“迷你媒体中心”的集会场所命名为“大众之家”。与大家分享原本称为“家”的个人空间。我觉得这是一个可以像家一样舒适的公共场所。

我主要负责岩沼的“大众之家”。这是由东京 IT 企业出资建造的一个面向农户，用于开展农业活动的“大众之家”。设计期间，我去了几次岩沼，与当地农户一起种植水稻、吃饭、举行宴会等。经历这样的过程，我们也融入当地居民的生活中。我们作为设计师，也会从自身考虑，如果是自己使用，怎样设计会更加自然。最终的完成时间是 2013 年。施工期很短，但设计将近花费了一年时间。

脱离通常工作状态的推进方法，是非常有趣的，当我注意到时，它已经成为生活的一部分。 我认为不只是我自己，其他参与“大众之家”的工作人员也会如此。

通常都是在办公室内完成设计，并定期在会议室与业主等会面，特别是公共建筑的设计。所以，虽然不至于说和他们在一起生活，但在一起度过相当长的时间的同时进行建筑设计则是一种新的体验。

自己创建建筑设计事务所之后，在熊本地震中设计了“益城町技术大众之家”。当时，时间非常有限，在大约三个半月的时间内完成了设计、施工的全部工作。由于我们并不是在临时住宅园区建成后才建设的“大众之家”，而是与临时住宅园区同步进行的，当时还没有建立自治会或社区，所以很难与使用的人们进行沟通。 由于没有交流和开会的时间，所以我开展了问卷调查。由于居民对“大众之家”多少有所了解，就给出了临时住宅内没

本设计在熊本县甲佐町住宅重建基地设施维护设计提案中被评选为一等奖。在住宅和“大众之家”的布置上都充分利用了通风道等以适应当地气候

有应试学习的房间等意见。从规模上讲，这里也是熊本最大的临时住宅园区，聚集了 516 户居民。然而，却没有太多人的迹象。因此，为了让人们更加愿意走出房门，我们在“大众之家”里修建了带有大屋檐的露台，还种植了樱花树和设置了椅子、桌子。即使在下雨天，也可以从外面看到人们正在做什么，同时也可以遮阳。这样，越来越多的人们开始聚集在这里。

最初在思考建筑设计时，都是从如何将人们聚集在一起的方面开始考虑的——我也一直在考虑如何做才能使来到这里的人放松，当我尝试建造“大众之家”时，终于找到了方法。我们的目标是建造一个许多人可以分享的空间，包括制作过程在内要消除建造人员和用户、设计师和承包商之间的界限。这样才能在将当地的风土人情融入建筑中的同时，建造出一个可以供人聚集的地方。

刚进伊东丰雄建筑设计事务所不久，我就负责了“座・高圆寺”的建设。我很喜欢使用几何学来推导设计。如何才能更好地利用美丽的形状实现内部的功能和结构？我认为将其做到极致可以提高建筑质量。但是，在不能仅用这样的观点来进行设计时，我们应该以什么为原则来选择设计和结构呢？建造岩沼的“大众之家”时，收到了结构设计事务所发来的研讨报告，希望借助金属的力量使用纤细的材料来搭建露台，其中的一个原因就是当地的木工自古以来就没有使用粗梁的经验，无法制作。作为伊东丰雄建筑设计事务所设计的产品，是选用端正桁架屋顶的露台还是建成一如往昔的日式小屋？我和伊东先生商量后，还是选用了日式小屋的提案。因为小屋可以在现场制作，并且这也是为了农户而建造的“大众之家”，比起高端建筑还是接地气的房屋比较好。优秀的建筑就应该像由其所存在的那片土地孕育出来的一样。

如果没有参与设计“大众之家”的话，我也不会有这种想法。思考高抽象度的建筑，仅仅是建筑思维方式中的一个方向。通过创建“大众之家”，我觉得自己变得更接近人群，思维方式更加自由了。

被熊本县和甲佐町组织的“甲佐町住宅重建基地设施维护设计”的计划竞赛选中的方案，现在在熊本县的甲佐町已经与建造灾害市政住房一起开始建造“大众之家”了。我们决定最先在有育儿需要的住户和受灾较重老年人居住的公共运营住宅中建造“大众之家”，以便居民们日常使用。如何才能创造一个这样的“大众之家”呢？我认为可以充分利用周围环境，并不断创造可交流的场所。甲佐町位于阿苏山脚下的原野，有着舒适的南风、西风。因为这里的夏天既热又潮，所以需要设计一个通风良好、可以与自然融为一体的交流场地，这是一个老年人聚集的地方，而且与儿童玩耍的公园也非常近。聚集在“大众之家”的人即使相互之间不认识也可以正常交谈。这在刚刚开始时，绝对是不可思议的事情。和大家一起唱卡拉OK，孩子们一起做作业，很自然地大家相互之间开始打招呼。我也自然地成为能够轻松接近其他人的人。我非常羡慕这里的人们非常自然地相互打招呼的生活状态。我想，如果在我所居住的城市里也能有“大众之家”这样的建筑就好了。

如果你住在东京，你不会考虑你所居住的城市，但无论你是在岩沼还是熊本都会考虑周围的人和事，就像以前的社区那样。我觉得这样的社区并没有结束，如果能够在各种环境中得以实现，是否可以创建一个前所未有的新型社区呢？

冈野道子

出生于1979年。东京大学研究生院博士课程中途退学后，在伊东丰雄建筑设计事务所工作了11年，主要负责设计剧场和美术馆、火葬场以及获得认定的儿童园（幼儿园和保育所的功能相结合）等。2016年设立了冈野道子建筑设计事务所。主要作品有柠檬酒店、益城町技术大众之家等。在2017年“甲佐町住宅重建基地设施维护设计”公开征集提案中获得一等奖。芝浦工业大学建筑系特任副教授。

第 5 章 大众之家与熊本艺术城

凭借熊本县熊本艺术城的支援，2011 年 10 月宫城县仙台市宫城野区的第 1 号“大众之家”竣工了。“大众之家”可以说是熊本艺术城在县外开展的活动，并将该经验应用于 2012 年熊本县发生的九州北部暴雨灾害和 2016 年熊本地震的受害支援中。为使人们从这些不幸的经历中脱离出来，熊本县知事蒲岛郁夫提出以下原则，即将受害者的痛苦降到最小和进行创造性重建，其中“大众之家”发挥了非常重要的作用。那么，对于熊本县来说，“大众之家”实际上是一个什么样的存在呢？这个小小的建筑起到了什么样的作用呢？熊本地震即将过去两年，回顾过往，再一次与蒲岛知事进行了交流。

[访谈]

到发展中的大众之家

熊本县知事蒲岛郁夫
采访人：桂英昭

一切都源于“大众之家”

桂：熊本县与“大众之家”之间的关系是从熊本艺术城，为东日本大地震灾区、仙台市宫城野区临时住宅区的“大众之家”提供建设材料和资金开始的。这是艺术城第一次针对熊本县公共设施和具有公共性质的私营项目在县外开展的活动。此外，随后在 2012 年发生的熊本大范围洪水灾害中，在阿苏市建造了两栋，2016 年 4 月在熊本地震中的临时住宅园区内建造了 84 栋，如果再包括一些 20 户以下的小型临时住宅区的话，则已经建造了 90 栋以上的“大众之家”，并且还为将来制订了计划。

提起“大众之家”，就不能不提到熊本县和艺术城，蒲岛知事对“大众之家”是如何定位的呢？

蒲岛：我认为能够支援在宫城县仙台市内建造“大众之家”，对熊本县来说也是一件非常有意义的事情。

当时，艺术城专员伊东丰雄与县内负责人商谈了此事，负责人立即将提案交到我这里。我也深切地认识到在东北临时住宅园区建造木制小屋以供居民互动是非常重要的，并且在与我谈论这件事情的时候，负责人已经跃跃欲试地想要马上执行了——“这是一个非常好的主意，我们开始做吧。”就这样用了不到两分钟的时间就决定了。

以这种方式完成的“大众之家”使居住在临时住宅的人们非常高兴。我也到现场进行了访问，木造的“大众之家”让人感受到温暖，来这里的人们也恢复了往日的笑容。

桂英昭

蒲岛郁夫

我亲眼目睹了那样的景象，能够拥有那样的体验真的很棒。因为实际感受到了木造住宅所具有的力量和它的舒适感，所以在那个时候，我想将来如果在熊本建设临时住宅，要尽可能使用木材，以使住在那里的人们感到安心、舒服一些。

因此，当2012年7月熊本大范围发生洪水灾害时，我们决定在那里建造木制的临时住宅，并设置“大众之家”。

但是，想要实现这一点并不容易。临时住宅必须按照国家标准进行建设，同时也规定了费用额度。毫无疑问，按照既有经验建造预制的临时住宅是没有任何问题的。但是，我已经看到了东日本大地震中临时住宅的情况，以及木制“大众之家”给人们带来的欢乐，所以我和县内工作人员都觉得不应该按照既有经验建造预制的临时住宅。此时，最重要的并不是快速、低价地建设，而是要最大程度地减少受灾人们的痛苦，所以我们不惜花费工夫与国家相关部门进行协商，最终建成了48户木造临时住宅和两栋“大众之家”。

因此，在2016年4月14日发生的熊本地震中，这一经验得到了极大的应用。

话虽如此，熊本地震受灾严重，共需要建造上千个临时住宅。虽然我想将临时住宅建造成木制的，但这种话不能轻易地从我的口中说出来，因为作为知事我必须要快速地为受灾者建造房屋。当时，工作人员表示他们会尽可能地建造木制房屋。为了实现这一点，我们必须与国家以及县内的每个市镇进行协调。当时，我们无法掌握可以采购多少材料。毕竟在规划临时住宅之前，还有许多紧急的工作，如挽救生命和建立疏散中心等。因此，遵循现有的临时住宅系统，并将其交付给外部首选企业，会更加容易一些。但对我们来说，最重要的是使受害者的痛苦最小化。全员也都认同这一点，所以决定建造部分木制的临时住宅。最后，在4303户临时住宅中共有683户是木制的。

此外，关于临时住宅的安置和建设计划，我们决定作为艺术城项目来推进，4月27日，伊东专员也来到县政府办公室，并向我们描述了整个计划：房屋尽可能分隔，并在它们之间形成通道，同时建议住宅的面积以及住宅之间的间隔都要宽敞一些。

很快我就把它落实成一个具体的计划。另外，将临时住宅建造成没有地基的房屋，这样当不再需要时，可以很容易就被拆除。但对于木造的临时住宅，由于余震频发等原因，使用了混凝土地基。当然，我们肯定会在临时住宅区建立“大众之家”。这原本是作为集会场所和谈话室而建造的设施，在熊本我们将这些都定位为“大众之家”，并且都是木制建筑。这也是在获得国家相关部门同意的前提下实现的。

简而言之，回想起来，2011 年在仙台市宫城野区建造的“大众之家”是这一切的起点。

木制临时住房加上“大众之家”成为九州标准

桂：我们已经了解了从宫城野区的“大众之家”到最近熊本地震的临时住宅建设情况，也清楚了“大众之家”这一整体演变的过程。现在，艺术城也参与到了防灾公共住宅的建设当中，并在持续地努力。换句话说，我认为熊本县人民非常强大，因为无论公共团体还是私营部门都团结一致，为重建而努力。

蒲岛：对于木制的临时住宅，我们也考虑将其转为今后的防灾公共住宅。如果去除隔着两户的墙壁，对住宅进行扩大的话，大家庭也完全可以在里面生活。

因此，如果将木制的临时住宅转用为可以长久使用的住宅，那么就可以降低临时住宅的成本。传统的预制房屋需要单独的拆迁费用，而木制临时住宅不需要拆除，可整体迁移。此外，木制的临时住宅如果可以继续使用，还可以解决废物处理的问题，具有经济性环保性的优点。进一步从经济的角度来看，我们也可以通过使用县内的木材和让县内的施工单位等企业负责建筑工作，来振兴经济发展。发生灾难后，经济活动将立即停止，即使是其中的一部分，也可以与重建联系起来。这对受灾地区来说是一个非常大的优势。

因此，熊本县根据这次的经验，正在准备建立一个能够顺利供应临时住宅木材的体制。县政府负责科室预计，无论何时想要建造约 100 栋木制临时住宅，相应材料都可以立即采购。这些材料即使不

蒲岛郁夫

在县内使用，也可以作为对其他县的支援物资。

桂：我听说，九州北部的福冈县和大分县今年（2017 年）7 月遭遇暴雨时，熊本县向福冈县讲述了建造木制临时住宅的技术诀窍。

蒲岛：从临时住宅的配置计划到设计图，再到和国家协议的记录，全部毫无保留地给了福冈县。

此外，今年 10 月在熊本举行了九州地方知事会议，在会议上与九州各县知事分享了熊本地震灾后重建的经验，还参观了木制临时住宅。鉴于这种情况，至少在九州地区发生灾害时，临时住宅是木结构的。如果该实用性能够得到广泛认可，我们希望从熊本发起的木制临时住宅和“大众之家”这一系统不只应用在九州，而是扩展到全国。我的目标是实现“县内人民幸福的最大化”，并且我相信这项活动会与全国人民的幸福紧密相连。

但是，我认为我们不应该停留在这里，只要深入思考还有更多的发展空间。

在这次熊本地震中，建筑受损严重，需要很多的临时住宅。当中，又出现了各市镇村建筑用地短缺的问题。此外，即使建造的是可以转用的木制临时住宅，也仅仅是整体的一部分。其他的临时住宅日后还是会成为废弃物。所以，最大的问题是当临时住宅的居民都搬到了正式的固定住宅后，这该怎么办呢？如果这样分阶段思考，你会发现有必要就临时住宅的存在方式进行重新考虑。

因此，我现在考虑的是，如果将临时住宅建在受灾的各个住宅用地内，或者农地等受灾人员本人的私有土地的一角的话，那么可以一边住在临时住宅，一边花时间考虑重建住宅。当房屋重建好后，临时住宅可以根据需要作为单独的房间或儿童房。这样的话，既不需要土地补贴，也不会产生拆除费用。正如我之前提到的，这样建造的成本与预制临时住宅的几乎相等。

当然，如东日本大地震和熊本地震之类的大规模灾害，在未来多次发生的可能性很低。但是根据灾害状况，我认为建造木制临时住宅是一种可行性很大的方法。

实际上，在这次项目中有一部分很接近这种临时住宅了，那就是有 6 户是在个人住宅附近建造的临时住宅。我也试着对他们进行了访问，他们是一直生活在那里的邻居，始终保持着联系，都说可以多花费一些时间来考虑重建的事情。我由衷地感受到了他们内心的强大。

熊本艺术城的作用

桂英昭

桂：熊本艺术城诞生于 1988 年，旨在通过建筑和城市规划弘扬该县文化，今年（2017 年）是其成立的第 30 个年头。与此同时，根据社会和时代的变化，作为第一代专员的矶崎新先生、第二代专员的高桥靗先生，以及从 2004 年起担任第三代专员的伊东丰雄先生，一直致力于为熊本县的公共项目提供方案，在经营途中，也有过自身持续困难的时期。这次，在发生熊本地震时，接受了知事的直接委托，参与到了临时住宅和“大众之家”以及灾后公共住房的重建计划当中，与地区之间构筑了更加密切的关系。我认为这也为艺术城项目创造了新的可能性。

蒲岛：艺术城作为全国独一无二的事业维持到现在，这也是熊本县的骄傲。毫无疑问，艺术城对这次熊本地震的贡献是很大的。为什么历任知事都会持续跟进这个项目？就是因为这个项目的根本与我所提倡的“县内人民幸福的最大化”的目标是一致的。否则，无论伊东专员制订多少个临时住宅的计划，县内工作人员都不会团结一心将其实现。这个项目，依托长期的艺术城项目，伊东专员和各位顾问、专家、县内工作人员相互交流意见，共同孕育出的一项巨大成就。

此外，我自己也不提倡所谓的行政思维方式。最重要的是实现“县内人民幸福的最大化”，指导、管理、规制、一致性和平等性才是实现的手段。现在县内的工作人员都是按照这种思维方式工作的。这就是为什么听到伊东专员提案的工作人员能够迅速地把最初的“大众之家”的提案转达给我。正因为这样，我们才能够快速地采取行动。

我经常说“不要怕打碎盘子”，意思是洗很多碗的人即使打碎了盘子也没有关系，但不能因为怕打碎盘子而不去洗碗，这是最愚蠢的行为。从这次“大众之家”开始的一系列流程中可以发现，县内的工作人员都不怕“打碎盘子”，都在不断地进行挑战。当我认为木制临时住宅很好，准备开口布置这些工作时，那些工作人员已经开始行动了。

桂：在仙台市宫城野区建造“大众之家”的时候，我们艺术城的人和县工作人员一起参观了传统的临时住宅和集会场所，我觉得亲身体验正是这个项目的能量之源。我们也意识到了知事所说的“使受害者的痛苦最小化”。

蒲岛：于我而言，能够见到那些因宫城野区“大众之家”而感到高兴的人是一次很重要的经历。从那时起，我才有机会重新思考住所的基本问题到底是什么。

然后，进入了熊本永久性住宅的正式再建阶段。现在，在进行防灾公共住宅建设的同时，也支援个人住宅的重建。在地震发生一年半后的 10 月，就建立了新住所的重建支援制度，即通过住宅贷款的方式进行新建、购买、修理时的 “反向抵押贷款的利息补助”“自家重建利息补助”，入住民间租赁住宅时的“民间租赁住宅入住支援扶助”，以及搬到重建住宅时的“搬迁费用补助”这四种支援制度。

其中，比较独特的一种尝试是利息补助。首先，对于那些想重建家园，不能轻易贷款的老人，他们以反向抵押的形式接受将土地和房屋作为抵押品的贷款，并且由县里赞助每月还款 1.5 万日元，还可以继续生活在那里。另一种尝试是，向抚养孩子等花费很多的年轻一代家庭提供 35 年的长期贷款来重建房屋，同时通过县内补贴的形式将还款金额控制到每月约 2 万日元。县里为此项尝试，单独准备了 107 亿日元的预算。

熊本县的强大之处在于能够建立一个从未在日本尝试过的支援系统。当然每个人都可以提出这样的方法，但实践起来却比任何事情都困难。回想这一点，艺术城一直支持着县外的“大众之家”项目，我认为这与他们的挑战精神是分不开的，在不受现有机制约束的情况下践行良好的想法，例如实现木制临时住房等。

在熊本开始行动的潮流已不能停止了，因为我们已经开始快速前进了。这也要归功于伊东专员以及各位顾问和支持艺术城的朋友们。从现在开始，我们将继续以“县内人民幸福的最大化”为目标，与大家共同合作。

——我想熊本艺术城今后也会继续努力。非常感谢您的接待！

蒲岛郁夫

出生于 1947 年。熊本县知事。东京大学名誉教授。从熊本县立鹿本高校毕业后，工作于稻田村的农业合作工会（JA）。之后，前往美国接受农业培训。1974 年毕业于内普拉斯大学农学系。之后，转攻政治学专业，1979 毕业于哈佛大学研究生院，获得政治经济学博士学位。筑波大学社会工学教授。担任东京大学法学教授。2008 年 4 月开始担任现职。

桂英昭

出生于 1952 年。熊本大学工学部副教授。熊本艺术城顾问。熊本大学研究生院工学研究科建筑师毕业后，在美国佛罗里达大学研究生院留学。曾担任熊本大学讲师，九州大学工学部兼职讲师。主要作品有木魂馆（1988）、汤前漫画美术馆・文化馆（1992）、荒濑水坝大厦（1994）、特别养护老人院（樱之乡，2003）等。

建筑数据

东北

❶

宫城野区的大众之家

所在地：宫城县仙台市宫城野区福田町南

设计者：伊东丰雄、桂英昭、末广香织、曾我部昌史

结构设计者：桝田洋子、桃李舍

其他设计、计划者：花与绿之力 3.11 项目宫城委员会（外部结构）、曾我部昌史（家具）、丸山美纪（家具）、井上工业（家具）、安东阳子（坐垫设计）

承包商：熊谷组、熊田建业

完成时间：2011 年 10 月

主要用途：集会场所

建设主体：熊本艺术城东北支援“大众之家”建设推进委员会

占地面积：（整个公园）16 094.55 m^2

总建筑面积：58.33 m^2

建筑面积：38.88 m^2

层数：地上 1 层

结构：木结构

赞助：熊本县球磨郡汤前町、熊本县球磨郡水上村、熊本县工业生产销售振兴协会、熊田建筑、Central Glass 本部、Central Glass 东北、LIXIL、元旦美丽工业、东日本动力装置、常松、山际、Mike Campbell、Geoff Spiteri

合作：丸山美纪、井上工业、安东阳子、花与绿之力 3.11 项目宫城委员会、小野田泰明、福屋妆子、仙台市宫城野区政府城市建设推进课、北本敏美、藤岛大、熊本县公开招募志愿者各位、熊本大学桂英昭研究室、九州大学末广香织研究室、神奈川大学曾我部昌史研究室、东北大学小野田泰明研究室、东北工业大学福屋妆子研究室以及同木匠系学生志愿者团体 colors、宫城委员会委员长、福田町南一丁目临时住宅自治会的各位、东北大学相关的各位、东北工业大学相关各位、仙台剧场工作室 10-box、工会仙台批发中心、仙台媒体中心

■新滨的大众之家（移建）

所在地：宫城县仙台市宫城野区冈田字滨通

移建设计者：伊东丰雄建筑设计事务所、中城建设

结构设计者：中城建设

设备设计者：中城建设

承包商：中城建设

完成时间：2017 年 4 月

主要用途：集会场所

建设主体：仙台市

占地面积：201.56 m^2

总建筑面积：50.22 m^2

建筑面积：38.8 m^2

层数：地上 1 层

结构：木结构

❷

平田的大众之家

所在地：岩手县釜石市

设计者：山本理显设计工厂

结构设计者：佐藤淳结构设计事务所

设备设计者：环境工程师

承包商：韦尔斯

完成时间：2012 年 5 月

主要用途：集会场所

建设主体：釜石市

总建筑面积：64 m^2

建筑面积：42 m^2

层数：地上 1 层

结构：钢结构

合作：韦尔斯、深孝土木、KUWAZAWA 工业、丸晴、铃木电机、太阳工业、石竹、冈村制作所、安东阳子设计、广村设计事务所、南云设计事务所、高岛屋空间创意、国土交通省都市局市街地方维护课、佐藤淳结构设计事务所、东京大学佐藤淳研究室、横滨国立大学、明治大学、早稻田大学志愿者各位、平田居民各位、釜石市

资金合作：FLUGHAFEN ZURICH AG、La Samaritaine、LIXIL、Hans-Juergen Commerell、Rolex SA、朝日、安藤建设、韦尔斯、埃斯泰斯、广告世界、冈村制作所、釜石气体、关东学院高校 H 会、协同铝业、三晃工程、新和玻璃、Central Glass、创真、大光电机、太阳工业、东京韦尔斯、TOTO、日本窗框、日本渗析、哈特福日本、广岛和平祈祷毕业设计奖、UNITEC

❸

釜石商店街的大众之家“大家来”

所在地：岩手县釜石市

设计者：伊东丰雄建筑设计事务所、伊东建筑学校

结构设计者：佐佐木睦朗结构设计研究所

其他设计、计划者：井上工业（家具）、矢内原充志（窗

帘设计、制作）
承包商：熊谷组、堀间组
完成时间：2012 年 6 月
主要用途：集会场所
建设主体：归心会
运营：@ 里亚斯 NOP 支持中心
占地面积：167.52 m^2
总建筑面积：73.27 m^2
建筑面积：67.55 m^2
层数：地上 1 层
结构：钢结构 + 木结构
赞助：LIXIL、元旦美丽工业、大光电机、山际、广告世界、立川窗帘工业、龙谷
合作：小野田泰明、远藤新、岩间正行、岩间妙子、伊东建筑学校、神户艺术功课大学相关的各位、釜石市的各位
资金合作：THE ROLEX INSTITUTE、La Samaritaine/Groupe LVMH Moet Hennessy Louis Vuitton、FLUGHATEN ZURICHAG、大光电机、Central Glass、哈特福日本、Hans-Juergen Commerell

❹

宫户岛的大众之家

所在地：宫城县东松岛市
设计者：妹岛和世、西泽立卫 /SANAA
结构设计者：佐佐木睦朗结构计划研究所
承包商：樱井工务店、菊川工业[屋顶、骨架（钢结构）]
完成时间：2012 年 10 月
主要用途：集会场所
建设主体：东松岛市
占地面积：（小学整体面积）14 289.99 m^2
总建筑面积：118.55 m^2
建筑面积：118.55 m^2（室内：27.35 m^2，户外露台：91.20 m^2）
层数：地上 1 层
结构：钢结构 + 部分木结构
赞助：广告世界、大光电机、三菱电机、LIXIL、东京飞火野旋转俱乐部、网络办公室
合作：林顺孝、樱井工务店、菊川工业、Core、锡盖特宫户交流推进协会、宫户市民中心、东松岛市立宫户小学校
资金合作：THE ROLEX INSTITUTE、La Samaritaine/Groupe LVMH Moet Hennessy Louis Vuitton、FLUGHATEN ZURICHAG、大光电机、Central Glass、哈特福日本、Hans-Juergen Commerell

❺

陆前高田的大众之家

所在地：岩手县陆前高田市
设计者：伊东丰雄建筑设计事务所、乾久美子建筑设计事务所、藤本壮介建筑设计事务所、平田晃久建筑设计事务所
结构设计者：佐藤淳结构设计事务所
承包商：庇护所、千叶设备工业（卫生）、菅原电工（电气）
完成时间：2012 年 11 月
主要用途：事务所（应急临时建筑物）
占地面积：901.71 m^2
总建筑面积：30.18 m^2
建筑面积：29.96 m^2
层数：地上 2 层
结构：木结构 (KES 结构法）
赞助：荒川技研工业、安东阳子设计、岩冈、首都涂料、KSC、三陆木材高等加工协同工会、庇护所、大光电机、田岛房顶、CHIYODA UTE、东工、日建总业、日进产业、日本环境化学、日本暖炉柴炉造型集团（奢侈屋、小畠）、日本涂料销售、哈费雷日本、马格佐贝尔、LIXIL
合作：中村正司、菅野勝郎、畠山直哉、菅野修吾、菊池满夫、吉田光昭、菅原美纪子、陆前高田市的各位、中田英寿、陆前高田市政府农林课、铫子林业、宫城大学中田千彦研究室、庇护所、国际交流基金、东北大学、千叶武晴
资金合作：日本建筑工作室、石桥基金会、大光电机、田岛屋顶、东工大建筑 S39 年毕业志愿者各位、Fashion Girls for Japan、Zoom Japon 以及捐款的各位、JAPONAIDE、Corinne Quentin、芝崎佳代、相马英子、富永伸平、陈飞翔、新沼桂子、小野寺学、藤崎富贵子、N.Y

❻

东松岛孩子们的大众之家

所在地：宫城县东松岛市
设计者：伊东丰雄建筑设计事务所、大西麻贵（o+h）
结构设计者：橡树结构设计
其他设计、计划者：井上工业（家具）、安东阳子设计（窗帘设计）、小泉照明（照明计划）
承包商：庇护所
完成时间：2013 年 1 月
主要用途：集会场所（紧急临时建筑物）

建设主体：T Point Japan
占地面积：836.1 m^2
总建筑面积：31.04 m^2
建筑面积：31.04 m^2
层数：地上 1 层
结构：木结构 + 部分铝板结构
赞助：YKK AP、原始通道、TOTO、田岛屋顶、田岛应用化学、朝日 woodtec、日进产业、池田公司、马格佐贝尔、WEST、日本暖炉柴炉造型设计、OSHIKA、Greenhow、相原木材、须藤制作所、小泉照明、庇护所、佐浦（捐赠家具、窗帘）
合作：当真嗣人、石黑萌子、菱沼健太、稻叶裕史、古泽周、宍户优太、广濑晴香、诸星佑香、朴真珠、滨边隆博、犬冢惠介、熊谷知纮、木村仁大、真木彻、山口彻、小川祐史、荒井拓、安达真也、松井錬、佐藤公纪、屉原英惠、铃木和幸、原田晴央、佐藤淳一、齐藤章宪、设乐浩次、河野泰树、福井英理、T Point Japan、大西麻贵、荣家志保、伊东丰雄建筑设计事务所、绿色房屋原临时住宅的各位、高桥工业、滋贺县立大学陶瓷浩一研究室、四仓制瓦工业所、绿色房屋原临时住宅向日葵集会场所、绿色房屋原临时住宅向日葵集会场所自治会、御城之星、东松岛市各位、东松岛市重建协会、矢本西支援中心
资金合作：通过 T Point Japan 的 T Point 捐款的各位

❼

岩沼的大众之家

所在地：宫城县岩沼市
设计者：伊东丰雄建筑设计事务所
结构设计者：佐佐木睦朗结构计划研究所
设备设计者：埃维尔
其他设计、计划者：石川干子（景观、设计）、安东阳子（窗帘设计、制作）
承包商：今兴兴产、熊谷组（施工监督）
完成时间：2011 年 10 月
主要用途：事务所兼集会场所
建设主体：INFOCOM
占地面积：406.47 m^2
总建筑面积：93.6 m^2
建筑面积：73.44 m^2
层数：地上 1 层
结构：木结构
赞助：LIXIL、越井木材工业、原始通道、大光电机、Central Glass、元旦美丽工业、Bb Wood Japan、田岛应用化工、藤原化学、shinko、TANITA 外壳、全球 · 链接、三井化学产业资产、城东技术、YAMAGIWA、国代耐火工业制造所、无声润滑油、富国物产、涩谷商事、住友林业绿化、本町制作所、Ubiregi、池商、大泉淳子、岩佐和子
合作：涩谷木材店、渡建、松建产业、青阳建筑设计工坊、蓝莓纪伊园屋、沃特克蔬菜店 、蔬菜工坊八卷、丸富工业、村松建筑设计事务所、茨城县相关各位、古积造园土木、大宫一弘、岩沼支援相关各位、Rocinantes、东北大学相关各位、东京大学相关各位、岩沼市星期五羁绊会
资金合作：菅沼家各位、NewsT、日本建筑工作室、宫城学院同窗会、RISTEX（社会技术研究开发中心）
特别合作：TAKE ACTION FOUNDATION
企划：INFOCOM
企划合作：Eight B、Espie R、唱片公司、和快

❽

牡鹿半岛十八成滨的大众之家

所在地：宫城县石卷市
设计者：孟买工作室、京都造型艺术大学城户崎和佐研讨会
承包商：京都造型艺术大学城户崎和佐研讨会、维达广艺、庇护所
完成时间：2013 年 7 月
主要用途：休息场所
建设主体（管理）：石卷市 + 八成滨行政区
总建筑面积 Pavilion Tower:10.17 m^2
Pavilion Swing:7.54 m^2
Pavilion Long:5.31 m^2
结构：木结构
合作：东京国立近代美术馆

❾

釜石渔夫的大众之家

所在地：岩手县釜石市
设计者：伊东丰雄建筑设计事务所、天工人工作室、Ma 设计事务所
结构设计者：佐藤淳结构设计事务所
承包商：熊谷组 [房屋主结构（木工）]、堀间组（临时设置施工、基础施工 ）、泉空调（卫生）、坂本电气（电气）
完成时间：2013 年 10 月
主要用途：集会场所
建设主体：归心会

运营：釜石渔连、新滨町临时水产工会、东北开垦
占地面积：78.33 m^2
总建筑面积：39.84 m^2
建筑面积：32.56 m^2
层数：地上 1 层
结构：木结构
赞助：竹村工业、和以美、POLUS-TEC 东北、田岛屋顶、Central Glass、涩谷制作所、LIXIL、中西制作所、大光电机、釜石地方森林工会、釜石职业训练协会、佐佐忠建设、石村工业、Sa/Hi、釜石气体、小林石材工业、日新制钢、金丝雀、釜石砂砾建设、堀商店、洛克斯顿、三井化学产业、NHK、东京美工
合作：田泽工务店、中部建设企业工会、渡边建具家具营业所、涩谷制作所、Sa/Hi、新井建筑钣金、超级市场、釜石市各位、东北开垦、原野真心网络、爱知工业大学研究生院相关人员、爱知淑德大学相关人员、伊东建筑学校、鹿儿岛大学相关人员、北九州市立大学相关人员、九州大学相关人员、西南学院大学相关人员、筑波研究学院专门学校相关各位、东北大学相关人员、福冈大学相关人员、前桥工科大学相关人员、宫城大学相关人员、横滨国立大学相关人员、早稻田大学相关人员
资金合作：日本 · 社会东日本大地震重建基金、The Japan Society Tohoku Earthquake Relidf Fund

⑩
气仙沼大谷的大众之家
所在地：宫城县气仙沼市
设 计 者：Yang zhao、Ruofan Chen、Zhou Wu、妹岛和世（顾问）、渡濑正记（当地建筑师）
结构设计者：滨田英明
承包商：铁建建设、高桥工业
完成时间：2013 年 10 月
主要用途：休息场所、作业场
建设主体：归心会
占地面积：419.21 m^2
总建筑面积：93.45 m^2
建筑面积：93.45 m^2
层数：地上 1 层
结构：钢筋混凝土 + 部分钢结构
赞助：LIXIL
合作：铁建建设东北分店、房间设计、网络办公室
资金合作：THE ROLEX INSTITUTE

⑪
釜石的大众广场
所在地：岩手县釜石市
设计者：伊东丰雄建筑设计事务所
结构设计者：佐藤淳结构设计事务所
设备设计者：埃维尔
承包商：熊谷组
完成时间：2014 年 4 月
主要用途：俱乐部
建 设 主 体： 釜 石 市、Nike（ 提 供 资 金 ）、Architecture for Humanity（企划运营）
占地面积：11 155.63 m^2
总建筑面积：121.99 m^2
建筑面积：207.75 m^2
层数：地上 2 层
结构：钢结构
赞助：Wood One、SK KAKEN、冈村制作所、角弘、三晃金属工业、氨纶集团、大光电机、日新工业、LIXIL
合作：鹈居住运动少年团、鹈居住重建城市协会、釜石市、釜石市立鹈居住小学校、釜石市立釜石东中学、同校棒球保护者各位、日本公园绿地协会、日向莱纳兹体育少年团

⑫
宫户岛月浜的大众之家
所在地：宫城县东松岛市
建筑设计者：妹岛和世、西泽立卫（SANAA）
结构设计者：佐佐木睦朗结构计划研究所
承包商 庇护所、小津建筑材料（屋顶）、KOA（钢结构）
完成时间：2014 年 7 月
主要用途：渔业厂房、休息场所
建设主体：月滨海苔工会、月滨鲍工会
占地面积：232 m^2
总建筑面积：72 m^2
建筑面积：72 m^2
层数：地上 1 层
结构：钢结构
赞助：庇护所、小泽建材、KOA、三协铝业、大光电机、新和玻璃、锡盖特、LIXIL、瞬间工作室、横田商会
合作：庇护所、小泽建材、core、新和玻璃、荻原

广高、山内良裕、小野源次郎、小野重美、民宿山根、月滨区的各位、月滨鲍工会、东松岛市农林水产课
资金合作：大光电机

⓭
相马孩子们的大众之家
所在地：福岛县相马市
设计者：伊东丰雄建筑设计事务所、Klein Dytham architecture
承包商：庇护所
结构设计者：Arup
设备设计者：Arup
施工单位：庇护所、滨岛电工（空调）、大场设备（设备）、旭电设工业（电气）
完成时间：2015 年 2 月
主要用途：休息室
建设主体：T Point Japan
占地面积：19 807.78 m^2
总建筑面积：176.63 m^2
建筑面积：152.87 m^2
层数：地上 1 层
结构：木结构
赞助：Achilles、朝日杜邦快闪产品、KAKUDAYI、兼松日产农林、Kawashima Selkon Textiles、CK、Scrim technical Japan、3M Japan、Cemedine、大金工业、大光电器、田岛屋顶、Decola technical Japan、万协、东日本动力装置、日立电器、望造、北三、马格佐贝尔、快速设计系统、LynnBELYSillumination、尼普公司、Osmo & Edel、POKEMON with YOU 捐款、TOTO、Toso、UNION、YKK AP
合作：庇护所、草野建设、石垣涂装、横尾内饰、小野菊藏建具店、石垣兴业、相马市政府

⓮
南相马大家的游乐场
所在地：福岛县南相马市
设计者：伊东丰雄建筑设计事务所、柳泽润（contemporaries 有限公司）
结构设计者：铃木启、A.S.Associates
设备设计者：柿沼整三、ZO 设计室
承包商：庇护所、滨岛电工（空调）、大场设备（设备）、旭电设工业（电气）
完成时间：2016 年 5 月
主要用途：儿童福利设施（儿童游乐场）
建设主体：T Point Japan
占地面积：697.82 m^2
总建筑面积：171.37 m^2
建筑面积：153.34 m^2
层数：地上 1 层
结构：木结构
赞助：Achilles、A&A Material Corporation、Osmo & Edel、桐井制作所、大光电机、原始通道、日立电器、北三、望造、马格佐贝尔、丸鹿陶瓷、优衣库、LIXIL、LIXIL 整体服务、Lilycolor、Pokemon
合作：南相马市政府男女共同幼儿课、安东阳子、东京工业大学柳泽润研究室、庇护所、后藤建设工业、石垣涂装、横尾内饰、亨和、渡边金属工业、竹原屋总部、PICOI CORPORATION、克雷阿尔泰

矢吹町的大众之家
所在地：福岛县西白河郡矢吹町
设计者：长尾亚子、腰原干雄、矢吹町工商会（太田美男，国岛贤）
构造设计者：腰原干雄、kplus
承包商：平成工业、白岩泥瓦匠工业、Yoshinari 涂装店、根本设备工业、伊藤电设工业、太田工业（矢吹町工商会会员 JV）
完成时间：2015 年 7 月
主要用途：休息室、庭园
建设主体：矢吹町商工会
占地面积：366.74 m^2
总建筑面积：31.9 m^2
建筑面积：31.9 m^2
层数：地上 1 层
结构：木结构
合作：日本香烟产业、中村美穗、桥本秀也、野上惠子、鸭志田航

⓰
七滨的大众之家羁绊之屋
所在地：宫城县宫城郡七滨町
设计者：近藤哲雄建筑设计事务所
结构计划者：金田充弘、樱井克哉
环境设备计划者：清野新
外部结构设计者：Green Wise

承包商：庇护所
完成时间：2017 年 7 月
主要用途：孩子们的游乐场
占地面积：1232.15 m^2
总建筑面积：89.67 m^2
建筑面积：87.99 m^2
层数：地上 1 层
结构：木结构
资金合作：THE ROLEX LINSTITUTE
捐赠合作：FamilyMart
赞助：AGC 硝子建材、TOTO、大光电机、Osmo& Edel、TETSUYA 日本、Sangetsu、Toso、SHIBAURA HOUSE
共同企划：七滨町
企划运营：公益组织 RSY

熊本

☆

阿苏的大众之家（高田地区）
所在地：熊本县阿苏市
设计者：伊东丰雄、桂英昭、末广香织、曾我部昌史
承包商：新产住拓
完成时期：2012 年 11 月
主要用途：集会场所
建设主体：阿苏市
总建筑面积：49.91 m^2
建筑面积：42.97 m^2
层数：地上 1 层
结构：木结构
合作：熊本县森林工会联合会、熊本县优良住宅协会、熊本县建筑住宅中心、熊本县建筑师协会、国际职业妇女福利互助会熊本 - 紫罗兰、熊本县产业生产销售振兴协会

☆

阿苏的大众之家（池尻、东池尻地区）
所在地：熊本县阿苏市
设计者：伊东丰雄、桂英昭、末广香织、曾我部昌史
承包商：Sears Home
完成时间：2012 年 11 月
主要用途：集会场所
建设主体：阿苏市
总建筑面积：48.44 m^2
建筑面积：37.26 m^2
层数：地上 1 层
结构：木结构
合作：熊本县森林工会联合会、熊本县优良住宅协会、熊本县建筑住宅中心、熊本县建筑师协会、国际职业妇女福利互助会熊本 - 紫罗兰、熊本县产业生产销售振兴协会

○

熊本的大众之家（标准型集会场所）
所在地：熊本县内 28 栋
设计者：伊东丰雄、桂英昭、末广香织、曾我部昌史
承包商：熊本县下的建筑公司
完成时间：2017 年 2 月
主要用途：集会场所
建设主体：熊本县
总建筑面积：62.92 m^2

建筑面积：59.62 m^2
层数：地上 1 层
机构：木结构

○
熊本的大众之家（标准型谈话室）
所在地：熊本县内 48 栋
设计者：伊东丰雄、桂英昭、末广香织、曾我部昌史
承包商：熊本县下的建筑公司
完成时间：2016 年 12 月
主要用途：集会场所
建设主体：熊本县
总建筑面积：49.02 m^2
建筑面积：42.97 m^2
层数：地上 1 层
机构：木结构

①
甲佐町白旗的大众之家（集会场所）
所在地：熊本县上益城郡甲佐町
设计者：渡濑正记、永吉步（设计工作室）
结构设计者：横山太郎、工藤智之（低密度结构）
承包商：千里殖产
完成时间：2016 年 10 月
主要用途：集会场所
建设主体：熊本县
总建筑面积：80.58 m^2
建筑面积：75.84 m^2
层数：地上 1 层
结构：木结构
合作：KASEI 项目、稻叶裕、福赖茨

②
南阿苏村阳之丘的大众之家（集会场所）
所在地：熊本县阿苏郡南阿苏村
设计者：古森弘一、白滨有纪（古森弘一建筑设计事务所）
结构设计者：高嶋谦一郎（Atelier 742）
承办商：埃弗菲尔德
完成时间：2016 年 12 月
主要用途：集会场所
建设主体：熊本县
总建筑面积：67 m^2
建筑面积：34 m^2
层数：地上 1 层
结构：木结构
赞助：PS 工业
合作：KASEI 项目、TOTO

③
西原村小森 2 号大众之家（集会场所）
所在地：熊本县阿苏郡西原村
设计者：大谷一翔、柿内毅、堺武治、坂本达哉、佐藤健治、长野圣二、原田展幸、深水智章、藤本美由纪、山下阳子（kulos）
结构设计者：黑岩机构设计事务所
承包商：和也建筑
完成时间：2016 年 12 月
主要用途：集会场所
建设主体：熊本县
总建筑面积：79.14 m^2
建筑面积：54.65 m^2
层数：地上 1 层
结构：木结构
赞助：远藤照明、旭电业、出田实业、Osmo& Edel、TOTO 九州销售、TANITA Housing UEA
合作：木村设备设计事务所、KASEI 项目

④
西原村小森 3 号大众之家（集会场所）
所在地：熊本县阿苏郡西原村
设计者：山室昌敬、松本义胜、梅原诚哉、佐竹刚、河野志保、本幸世
结构设计者：谷口规子
设备设计者：山田大介
承包商：绿色住宅
完成时间：2016 年 12 月
主要用途：集会场所
建设主体：熊本县

总建筑面积：77.03 m^2

建筑面积：56.92 m^2

层数：地上 1 层

结构：木结构

赞助：东芝照明技术、古荘书店、空研工业

合作：KASEI 项目

⑤

西原村小森 4 号大众之家（集会场所）

所在地：熊本县阿苏郡西原村

设计者：甲斐健一、田中章友、丹伊田量、志垣孝行、木村秀逸

结构设计者：甲斐健一

设备设计者：木村秀逸

承包商：丸山住宅

完成时间：2016 年 12 月

主要用途：集会场所

建设主体：熊本县

总建筑面积：67.07 m^2

建筑面积：59.62 m^2

层数：地上 1 层

结构：木结构

合作：昭和女子大学杉浦久子研究室、熊本县立熊本工业高等学校装潢系

⑥

益诚町木山的大众之家（集会场所 A）

所在地：熊本县上益城郡益城町

设计者：内田文雄（龙环境计划）、西山英夫（西山英夫建筑环境研究所）

结构设计者：山田宪明结构设计事务所

承包商：园佛产业

完成时间：2016 年 12 月

主要用途：集会场所

建设主体：熊本县

总建筑面积：77 m^2

建筑面积：61 m^2

层数：地上 1 层

结构：木结构

合作：KASEI 项目

⑦

益诚町小池岛田的大众之家（集会场所）

所在地：熊本县上益城郡益城町

设计者：森繁（森繁建筑研究所）

承包商：五濑建筑工作室

完成时间：2016 年 12 月

主要用途：集会场所

建设主体：熊本县

总建筑面积：78.72 m^2

建筑面积：61.8 m^2

层数：地上 1 层

结构：木结构

赞助：森繁

合作：KASEI 项目

⑧

益诚町技术大众之家（集会场所 B2）

所在地：熊本县上益城郡益城町

设计者：冈野道子（冈野道子建筑设计事务所）

结构设计者：橡木结构设计

承包商：埃弗菲尔德

完成时期：2016 年 12 月

主要用途：集会场所

建设主体：熊本县

总建筑面积：132 m^2

建筑面积：95 m^2

层数：地上 1 层

结构：木结构

赞助：熊本县球磨郡多良木町、北海道空知郡南幌町、南幌町建设业协会、LIXIL、大光电机、元旦美丽工业、TANITA　Housing UEA、田岛屋顶、Carl Zeiss

资金合作：大光电机

合作：KASEI 项目、安东阳资设计、GA 山崎

⑨

美里町楠木平的大众之家

所在者：熊本县下益城郡美里町

设计师：前田茂树、木村公翼（草图、设计）、东野健太（大阪工业大学研究生院前田茂树研究室）

结构设计者：满田卫资结构计划研究所
承包商：五濑建筑工作室
完成时间：2017 年 9 月
主要用途：集会场所
建设主体：熊本县建筑住宅中心、日本财团
总建筑面积：56.12 m^2
建筑面积：19.87 m^2
层数：地上 1 层
结构：木结构
合作：KASEI 项目

⑩
御船町玉虫的大众之家
所在地：熊本县上益城郡御船町
设计者：宫本佳明建筑设计事务所、大阪市立大学宫本佳明研究室、同横山俊佑研究室
结构设计者：满田卫资结构计划研究所
承包商：维达之家
完成时间：2017 年 8 月
主要用途：集会场所
建设主体：熊本县建筑住宅中心、日本财团
占地面积：361.3 m^2
总建筑面积：49.09 m^2
建筑面积：39.75 m^2
层数：地上 1 层
结构：木结构
合作：KASEI 项目、都仓达弥、左官都仓

⑪
御船町甘木的大众之家
所在地：熊本县上益城郡御船町
设计者：宫本佳明建筑设计事务所、大阪市立大学宫本佳明研究室、同横山俊佑研究室
结构设计者：满田卫资结构计划研究所
承包商：维达之家
完成时间：2017 年 8 月
主要用途：集会场所
建设主体：熊本县建筑住宅中心、日本财团
占地面积：228.93 m^2
总建筑面积：49.09 m^2
建筑面积：39.75 m^2
层数：地上 1 层
结构：木结构
合作：KASEI 项目、都仓达弥、左官都仓

⑫
宇城市御领的大众之家
所在地：熊本县宇城市
设计者：鹰野敦（鹿儿岛大学）、根本修平（福山市立大学）
结构设计者：横须贺洋平（鹿儿岛大学）
承包商：黑田建筑
完成时间：2017 年 9 月
主要用途：集会场所
建设主体：熊本县建筑住宅中心、日本财团
占地面积：324.72 m^2
总建筑面积：34.57 m^2
建筑面积：29.81 m^2
层数：地上 1 层
结构：木结构
合作：KASEI 项目

⑬
宇城市曲野长谷川的大众之家
所在地：熊本县宇城市
设计者：鹰野敦（鹿儿岛大学）、根本修平（福山市立大学）
结构设计者：横须贺洋平（鹿儿岛大学）
承包商：黑田建筑
完成时间：2017 年 9 月
主要用途：集会场所
建设主体：熊本县建筑住宅中心、日本财团
占地面积：373.77 m^2
总建筑面积：81.68 m^2
建筑面积：66.25 m^2
层数：地上 1 层

结构：木结构

合作：KASEI 项目

⑭

熊本市璀璨 2 丁目的大众之家

所在地：熊本县熊本市

设计者：矢作昌生（九州产业大学）、井手健一郎（节奏设计）

结构设计者：黑岩结构设计事务所

承包商：埃弗菲尔德

完成时间：2017 年 7 月

主要用途：集会场所

建设主体：熊本县建筑住宅中心、日本财团

占地面积：2316.97 m^2

总建筑面积：37.44 m^2

建筑面积：29.81 m^2

层数：地上 1 层

结构：木结构

合作：KASEI 项目

⑮

阿苏市内牧的大众之家

所在地：熊本县阿苏市

设计者：矢作昌生（九州产业大学）、井手健一郎（节奏设计）

结构设计者：黑岩结构设计事务所

承包商：埃弗菲尔德

完成时间：2017 年 9 月

主要用途：集会场所

建设主体：熊本县建筑住宅中心、日本财团

占地面积：403.06 m^2

总建筑面积：39.6 m^2

建筑面积：38.33 m^2

层数：地上 1 层

结构：木结构

合作：KASER 项目